Die Willensfreiheit

Eine neue Antwort
auf eine alte Frage

von

Dr. Adolf Bolliger
Professor an der Universität Basel

Berlin
Druck und Verlag von Georg Reimer
1903

Vorwort.

Diese Abhandlung ist im Dezember 1901 der „Haager Gesellschaft zur Verteidigung der christlichen Religion“ eingereicht worden. Den ausgesetzten Preis von 400 fl. habe ich freilich nicht gewonnen; ich mußte mir an 250 fl. und einer äußerst limitierten Anerkennung genügen lassen. Das darf mich freilich nicht hindern, zu hoffen, es werde meine nun gedruckt vorliegende empiristische Beweisführung resp. die Auflösung des Willensproblems im Zusammenhang mit dem Zeitproblem diesseits und jenseits des Haages eine vollere Anerkennung finden.

Wer sich mit einem durch so viele Jahrhunderte hin- und hergewälzten Thema einläßt, darf von der Misologie und dem Kleinmut des Zeitalters nicht berührt sein. Er muß etwas haben von der morgenfrohen Kinderhoffnung, welche bisherige Enttäuschungen nicht kennt, und von der Zuversicht des Eroberers, welcher sich berufen glaubt, ein lang umworbenes Land endlich endgiltig zu bezwingen. Und wenn nun auch die Leistung des einzelnen wissenschaftlichen Arbeiters hinter seiner Hoffnung und Zuversicht fünfzig Meilen zurückbleibt, was liegt daran! Die Menschheit jedenfalls hat zur Misologie und Verzagtheit keinen Anlaß. Was sie auf ihrem Siegesgang an wissenschaftlichen Taten vollbracht, verbürgt uns, daß sie, wenn die Zeit erfüllt ist, auch das Willensproblem in tadelloser Beweisführung lösen wird.

Die Haager Preisfrage hatte gelautet: „Kann man sich für die Theorie des Indeterminismus (Kants transcendentale Freiheit des Willens) mit Recht auf Tatsachen des Seelenlebens berufen? Kann man diese Theorie aufrecht erhalten gegenüber dem, was neuere wissenschaftliche Untersuchungen lehren über die Regelmäßigkeit in menschlichen Willensäußerungen, den Zusammenhang zwischen physiologischen und psychischen Erscheinungen u. s. w.? Welche Bedeutung hat diese Theorie für Religion und Sittlichkeit?“ Dieser Wortlaut veranlaßte mich, in der Einleitung zu erwägen, ob Kant wirklich als ordentlicher Vertreter des Indeterminismus gelten könne. Es ist möglich, daß manche Leser an dieser Erwägung keinen Gefallen finden; ihnen gebe ich den Rat, die Einleitung zu überschlagen. Es ist besser, wenn ihr ungebrochenes Interesse bei der eigentlichen Abhandlung (Seite 14) einsetzt.

Basel, am 21. März 1903.

A. Bolliger.

Inhaltsangabe.

Zur Einleitung:

Über Kants Determinismus einerseits, seine transcendentale Freiheit anderseits.

Im Zeitbewußtsein figuriert Kant als der große Prophet der Willensfreiheit. Aber ist er darum auch Vertreter des Indeterminismus? Doch wohl nicht! Mich deucht: wer eine tadellose Apologie der kantischen Theorie von der transcendentalen Freiheit schriebe, hätte damit noch in keiner Weise den Indeterminismus gerechtfertigt. Wer Kant widerlegte, hätte damit noch nicht den Indeterminismus widerlegt.

Braucht es Zeugen dafür, daß Kant und Indeterminismus wenig miteinander zu schaffen haben? Ein so klarer Kopf wie Jules Payot, der uns ein so treffliches, überaus nützliches Buch „Die Erziehung des Willens" geschenkt, urteilt in Sachen:[1]) „Nach Kant haben wir unsern Charakter in der numenalen Welt gewählt, und diese Wahl ist hinfort unwiderruflich. Einmal in die Welt des Raumes und der Zeit hinabgestiegen, bleibt unser Charakter, mithin auch unser

[1]) Jules Payot, Erziehung des Willens, deutsche Übersetzung S. 39.

Wille, was er ist, ohne daß wir ihn, wenn auch noch so wenig, ändern können", d. h. der empirische Charakter und alle daraus abfließenden Handlungen des Menschen sind schlechthin determiniert. Payot führt dann aus, daß diese von Kant aufgestellte, von Schopenhauer erneute Theorie vom invariablen Charakter eine Theorie der Entmutigung sei, und er ist boshaft genug, Schopenhauer dafür zu segnen, daß er jene Theorie Deutschland eingeimpft hat: „sie würde für uns zwei Armeekorps wert sein, wenn wir nicht auch unsere Theoretiker der Entmutigung und besonders Taine hätten."

Man wird hier vielleicht einwenden, der Franzose habe eben den dunkeln Weisen von Königsberg nicht verstanden. Aber Fechner war ein Deutscher und darf in Sachen der deutschen Philosophie als leidlich urteilsfähig gelten, und er hat Kant nicht wesentlich anders zu verstehen vermocht als Payot. Er gibt uns seine Auffassung der kantischen Freiheitslehre, indem er seinen Lehrling also katechisiert:[1]) „Im Grunde, lieber Sohn, wirst du wohl schon vor der Geburt oder in einem metaphysischen, transcendentalen, intelligiblen zeit-, raum- und erscheinungslosen Reiche der Dinge an sich zum Guten oder Schlechten, hiemit zum Himmel oder zur Hölle dich entschieden haben; da kann niemand etwas dafür, nicht einmal der liebe Gott; laß dir also gefallen, was die Freiheit nun einmal aus dir gemacht hat. Ist dein intelligibler Charakter da in zeitloser Ewigkeit fertig geworden, so hängt dann freilich in

---

[1]) Fechner: „Die Tagesansicht gegenüber der Nachtsansicht" S. 179.

seiner zeitlich empirischen Erscheinung alles im Sinne des Charakters notwendig zusammen und sieht somit ganz deterministisch aus, aber den intelligiblen Charakter hast du doch selbst mit Freiheit gemacht; und wenn deterministische Gegner deiner Freiheit zu sehr zusetzen, so braucht sie sich bloß ins intelligible Gebiet zu retten: da kann niemand nachkommen, und das ist die Hauptsache. Um so besser aber siehst du nun ein, wenn du überhaupt etwas von alledem einsiehst, daß alle empirische Erziehung im Grunde nichts leisten kann, dich besser zu machen; dein Charakter ist ja schon in zeitloser Ewigkeit fertig." „Lassen wir", so schließt Fechner seine ironisch witzige Darlegung, „lassen wir den unergründlichen Tiefsinn der intelligiblen, im Grunde doch vielmehr inintelligiblen Freiheit, bis zu dem der Altvater der neuern Philosophie fortgeschritten ist, auf sich beruhen und bleiben beim empirischen Gebiet."

Gleich Fechner sieht auch Hebler in Kants Theorie trotz aller transcendentalen Freiheit eine Form des Determinismus:[1]) „Alles, so lehrt Kant, unser kausales Erkennen auf die Zeitordnung der Erscheinungen beschränkend, alles, was geschieht, setzt etwas voraus, worauf es nach einer Regel folgt. Hievon nimmt er auch unser eigenes praktisches Verhalten nicht aus: wenn alle Triebfedern und Veranlassungen desselben bei einem Menschen bekannt wären, so ließe es sich mit gleicher Gewißheit vorausberechnen wie eine Sonnen- und Mondfinsternis." Und S. 56 lesen wir bei Hebler: „Setzt er (Kant) aber diesem phänomenalen Deter-

[1]) C. Hebler, Prof. d. Philosophie in Bern, „Elemente einer philosoph. Freiheitslehre" S. 51—57.

minismus einen Indeterminismus wenigstens zur Seite? Das ich nicht wüßte.“ Dieser Philosophieprofessor hat also von Indeterminismus bei Kant nichts angetroffen.

Ebensowenig hat Kuno Fischer, der doch Kant ziemlich gründlich gelesen hat, den Indeterminismus bei demselben angetroffen. Es mag hier statt vielem nur ein Zitat aus diesem Historiker der Philosophie Platz finden. K. Fischer referiert über den Hauptabschnitt der „Kritischen Beleuchtung der Analytik der praktischen Vernunft“ folgendermaßen:[1]) „Unsere Erfahrung ist äußere und innere. Die äußeren Erfahrungsobjekte sind in Raum und Zeit, die innern sind nur in der Zeit. Die Veränderungen in Raum und Zeit (Bewegungen) sind mechanisch; die innern Veränderungen sind psychisch. Man darf die mechanische Kausalität von der psychologischen unterscheiden. Dort sind die Veränderungen stets durch äußere Ursachen, hier durch innere bedingt; in beiden Fällen aber sind sie determiniert und darum unfrei. Der Mechanismus der Natur schließt die Freiheit vollkommen aus. Man muß sich nicht einbilden, daß die psychologische Kausalität die Freiheit einschließe. Die innern Bestimmungsgründe determinieren nicht weniger zwingend als die äußern, sie zwingen auch und schließen darum die Willensfreiheit aus. Das System der psychologischen Kausalität ist eben so deterministisch als das der mechanischen. . . Die psychologische Kausalität ist ebenfalls eine natürliche, sie wirkt mit naturgesetzlicher Notwendigkeit, also mechanisch, sie ist psychomechanisch: wie die Ursachen eintreten, so folgen unvermeidlich die be-

---

[1]) Geschichte der neuern Philosophie. 1. Aufl. IV S. 129 f.

stimmten Wirkungen; diese Naturkette von Ursache und Wirkung bildet den Charakter einer mechanischen Veränderung, und dieser Charakter bleibt, ob nun die treibenden Ursachen Materien oder Vorstellungen sind. Sind die Ursachen materiell, so ist das getriebene Wesen ein „automaton materiale"; sind sie Vorstellungen, so ist das getriebene Wesen ein „automaton spirituale"[1]. . . Die Freiheit ist undenkbar in der Erscheinungswelt, es sei die äußere oder die innere. . . Jede Veränderung in der Welt, sie sei körperliche Bewegung oder bewußte Handlung, ist bedingt durch alle vorhergehenden Veränderungen. So ist jede Erscheinung ein Glied einer stetigen Naturkette und darum a parte priori vollkommen determiniert." So Kuno Fischer über Kant. Wenn nun der Indeterminismus die Theorie ist, wonach ein Stück der Erfahrungswelt, nämlich des Menschen Handlungen, nicht oder doch nicht schlechthin determiniert ist, so gehört Kant, mag er im übrigen von der transcendentalen, d. h. der aller Erfahrung transcendenten Freiheit lehren, was er will, zu den Deterministen. Das bleibt ja doch in allewege die Behauptung des Indeterminismus, daß innerhalb der Erfahrungs- oder Erscheinungswelt sich in irgend einem Maß Freiheit offenbare, und gerade dies leugnet Kant.

Es wäre ja nun an sich passender gewesen, den kantischen Determinismus aus seinen Werken und zumal aus der Kritik der reinen Vernunft, der Grundlegung zur Metaphysik der Sitten und der Kritik der praktischen Vernunft zu erweisen; aber unter den ob-

---

[1]) Kant, W. W. ed. Hartenstein V, 101.

waltenden Umständen[1]) schien es mir korrekter, ein paar Autoritäten ins Feld zu führen.

Kant hat ja nun freilich neben seinem für den ganzen Bereich der Erfahrungswelt geltenden Determinismus die Lehre von der transcendentalen Freiheit. Es ist sein höchstes Bestreben, der Willensfreiheit Raum zu schaffen; er sagt es[2]) mit Pathos, daß es der subtilsten Philosophie ebenso unmöglich sei wie der gemeinsten Vernunft, die Freiheit wegzuvernünfteln, und er spottet in der Kritik der praktischen Vernunft (ed. Hartenstein S. 102) über Leibnitzens (bloß psychologische) Freiheit als über die Freiheit eines Bratenwenders, der auch, wenn er einmal aufgezogen worden, von selbst seine Bewegungen verrichte.

Kants Lehre von der transcendentalen Freiheit ist aber diese, daß der empirische Charakter mit aller darin beschlossenen Determination eine Folge und Auswirkung des intelligiblen und damit der Freiheit sei (Kritik d. prakt. Vernunft S. 102). Jeder Mensch fällt nach Kant unter eine doppelte Betrachtung: Während er einerseits in der Zeit lebendes Sinnenwesen und als solches nach dem Kausalitätsgesetz determiniert ist, ist er anderseits intelligibler Charakter, ist als solcher der transcendentale Grund aller seiner empirischen Handlungen und für dieselben verantwortlich.

Wenn nur nicht diese transcendentale Freiheit von den schwersten Bedenken bedrückt und überschattet würde! Ich will unter vielen nur die vornehmsten nennen:

---

[1]) Ich denke an die Formulierung der Preisaufgabe, die den Indeterminismus und Kants Freiheitslehre identifiziert.

[2]) Grundlegung der Metaphysik der Sitten, ed. Kirchmann S. 85.

1. Nach Kants Kategorienlehre in der Kr. d. R. V. ist Kausalität eine Verstandeskategorie, die nur auf die Erscheinungswelt Anwendung findet. Nimmt nun Kant an, daß der empirische Charakter und das darin beschlossene Handeln eine Auswirkung intelligibler Freiheit sei, so hat er damit den Begriff der Kausalität auf intelligible Größen angewendet; er handelt also wider seine eigene Fundamentallehre.

2. Sind wir so gefällig, wider Kants eigene Fundamentallehre eine Kausalität der sog. intelligiblen Freiheit einzuräumen, so erhebt sich alsbald folgende fatale Alternative:

Entweder wir fassen mit Fechner[1]) und andern Kants intelligible Freiheitstat als einmaliges fait accompli; dann wird der empirische Charakter und alle darin beschlossenen Einzeltaten durch jene einmalige Freiheitstat schlechthin bestimmt. Dann hängt über unserm Leben alles Grauen des Fatalismus. Laßt alle Hoffnung dahinten! Wer böse ist, ist verdammt, böse zu bleiben. Jene sog. intelligible Freiheitstat ist dann für den Bereich des Empirischen, ja für den Bereich des Intelligiblen selbst zum unentfliehbaren Verhängnis geworden; und der Name der Freiheit klingt wie ein Hohn.

Oder aber: Ihr glaubt Kant so fassen zu dürfen, daß die intelligible Freiheitstat nicht ein unteilbares fait accompli ist, daß vielmehr im Reich des Intelligiblen Veränderung möglich, ja allenfalls eine radikale Revolution eines intelligiblen Charakters vom Bösen zum Guten oder vom Guten zum Bösen möglich sei. In

---

[1]) Vid. das frühere Zitat aus Fechner.

diesem Fall wird freilich der empirische Charakter als Ausstrahlung des sich verändernden intelligiblen sich auch bewegen, und es wird eine Transmutation des Denkens und Handelns in Erscheinung treten, wie denn ja Kant gelegentlich dem Gedanken der Umkehr eines bösen Menschen Raum zu geben scheint. Es ist nur die Frage, ob er das mit seinen Prinzipien oder gegen dieselben tut; es ist die Frage, ob innerhalb seiner Doktrin für Veränderung des Intelligiblen Raum sei. Oder vielmehr, es ist keine Frage, daß dafür bei Kant kein Raum ist: Denn Veränderung besteht nicht ohne Zeit. Zeit aber gilt nach Kant nur im Bereich des Phänomenalen. Also kann Veränderung (Bewegung) des intelligiblen Charakters auf Kants Boden nicht angenommen werden.[1]) — Wenn aber diese Veränderung des intelligiblen Charakters trotz Kants transcendentaler Ästhetik statuiert würde, wenn der Bewegung des intelligiblen Charakters entsprechend auch der empirische Charakter sich veränderte, wenn dementsprechend ein heute böser Mensch mir in Jahr und Tag als guter Mensch sich darstellte, so wäre ja damit die eherne Kontinuität der empirischen Kausalreihe abgerissen und die von Kant so unablässig verkündigte Determination des Empirischen verworfen. Es wäre also wider Kants eigene Grundlehren. Entweder . . . oder: die Skylla ist schlimm,

---

[1]) Hier ist beiläufig nachfolgende Absurdität zu konstatieren: Unter Charakter verstehen wir doch die zur Gewohnheit gewordene Weise des Handelns. Der Charakter schließt also als solcher eine Vielheit des Tuns, mithin Veränderung, Bewegung ein. Das Intelligible aber schließt Veränderung aus. Mithin ist ein intelligibler Charakter auf Kants Boden selbst ein hölzernes Eisen.

die Charybdis schlimmer, weil sie Kants eigene Doktrin auf wichtigsten Punkten sprengt.

3. Wenn wir nun auch von den unter 1 und 2 dargelegten Bedenken abstrahieren wollten und könnten (was wir weder wollen noch können), so bliebe doch die von Kant gelehrte Kausalität der transcendentalen Freiheit aus einem andern Grunde illusorisch. Die Sache ist diese: Kant lehrt[1]) „Als ein vernünftiges, mithin zur intelligiblen Welt gehöriges Wesen kann der Mensch die Kausalität seines eigenen Willens niemals anders als unter der Idee der Freiheit denken; denn Unabhängigkeit von den bestimmenden Ursachen der Sinnenwelt (dergleichen die Vernunft jederzeit sich selbst beilegen muß) ist Freiheit. Mit der Idee der Freiheit ist nun der Begriff der Autonomie unzertrennlich verbunden, mit diesem aber das allgemeine Prinzip der Sittlichkeit.“ Dies allgemeine Prinzip der Sittlichkeit aber ist, wie Kant oft genug versichert, aller materialen Bestimmungsgründe ledig, ein rein formales Gesetz „Handle so, daß die Maxime deines Willens zugleich als Prinzip einer allgemeinen Gesetzgebung gelten kann.“ Aber wie mag dies formale Gesetz praktische Bedeutung erlangen? Kant antwortet mit großem Freimut:[2]) Wie nun aber reine Vernunft ohne andere Triebfedern, die irgend woher sonst genommen sein mögen, für sich selbst praktisch seien, d. h. wie das bloße Prinzip der Allgemeingiltigkeit aller ihrer Maximen als Gesetze ohne alle Materie (Gegenstand) des Willens, woran man

---

[1]) Grundlegung zur Metaphysik der Sitten, ed. Kirchmann, 3. Abschn. S. 82.

[2]) Grundlegung z. Metaphysik d. Sitten, 3. Absch. S. 92,

zum voraus irgend ein Interesse nehmen dürfe, für sich selbst eine Triebfeder abgeben, und ein Interesse, welches rein moralisch heißen würde, bewirken, oder mit andern Worten: wie reine Vernunft praktisch sein könne, das zu erklären, dazu ist alle menschliche Vernunft ganz unvermögend und alle Mühe und Arbeit, hievon Erklärung zu suchen, ist verloren.“ Freilich, freilich wird das nie jemand erklären. Nur liegt die Schwierigkeit anderswo, als wo sie Kant sucht: Das Faktum liegt gar nicht vor. Ein nicht vorhandenes Faktum wird freilich nicht erklärt werden können. Sehen wir zu: Kant redet von einem (sittlichen) Willen, der keine materiale (eudämonistische) Zielbestimmung haben soll. Ein solcher Wille ist eine Imagination, besser gesagt: er ist auch nicht einmal zu imaginieren. Ich sage: Jeder Willensakt ist als solcher das Wollen eines Guts; die materiale (eudämonistische) Zielbestimmung ist jedem Wollen und Handeln, auch dem sittlichen, unveräußerlich. Man überlege: Der Zweck, der bei jeder menschlichen Handlung gedacht und gewollt wird, ist doch immer ein gewisser Erfolg, der durch mein Handeln herbeigeführt werden soll. Der wesentliche Bestandteil aber des Erfolges ist in allen Fällen ein Gefühlswert (eine Freude, eine wie immer beschaffene Lust), und ich suche den Erfolg der Handlung um dieses Gefühlswertes willen.[1]) Sigwart führt aus: Jeder Zweck muß, damit ich ihn überhaupt soll wollen und meine Kraft an seine Verwirklichung setzen können, ein solcher sein, dessen Verwirklichung

---

[1]) Vgl. A. Bolliger, „Beiträge zur Dogmatik und Ethik“ VII. Stück und Sigwart, „Vorfragen der Ethik“ S. 5.

mir in irgend einer Weise Befriedigung verspricht. Das einzig denkbare Motiv eines Wollens ist das Verhältnis eines gedachten Zwecks zu mir, vermöge dessen er für mich ein Gut ist.

Das sittliche Wollen kann dieser allem Wollen notwendigen materialen Zielbestimmung auch nicht entraten. Sonach ist Kants Lehre von der intelligiblen Freiheit, die er mit einem rein formalen Sittengesetz solidarisch gemacht hat, völlig eitel; die Kantsche Kausalität der Freiheit, die mit keinerlei materialen Bestimmungsgründen verunreinigt werden darf, ist ein reines Gespenst.

4. Kant sagt in der Kritik der R. V.[1]) und anderwärts so nachdrücklich wie möglich, daß er nicht die Wirklichkeit der Freiheit und auch nicht einmal deren Möglichkeit bewiesen habe. „Daß Natur der Kausalität aus Freiheit wenigstens nicht widerstreite, das war das Einzige, was wir leisten konnten“ (ebenda S. 385). Aber positiv aus irgend welchen empirischen Tatsachen die Wirklichkeit der Freiheit zu beweisen, hat Kant ganz aufgegeben. Wie mag er sie dennoch bejahen? Wir andern Durchschnittsmenschen fühlen uns dazu unfähig. Was sich nicht irgendwie bezeugt, kundgibt, können wir nicht bejahen. Das gerade ist uns das Kriterium des Wirklichen und Nichtwirklichen, daß das Wirkliche irgendwie wirkt und uns damit seine Anerkennung abnötigt, während das Nichtwirkliche sich nirgendwie bemerkbar macht. Das ist z. B. das Kriterium des wirklichen Gottes, daß er so oder so wirkt, sich offenbart, während die eingebildeten Götter nicht wirken

[1]) Vid. besonders Hartenstein S. 385.

(vergl. Jes. Kap. 40 ff.). Wir werden in Sachen der Freiheit keinen andern Kanon anwenden. Entweder ... oder: Entweder gibt es gewisse Phänomene im Leben, die uns die Wirklichkeit der Freiheit klar enthüllen und die Anerkennung dieser Wirklichkeit abnötigen; oder es gibt keine solchen Phänomene; dann sind wir außer stande, jene Wirklichkeit zu bejahen. Die Möglichkeit eines Erfahrungsbeweises bleibt uns das Kriterium jeder legitimen Bejahung. Was nirgendwo und nirgendwie im Reich der Erfahrung sich kundgibt, kraft eines angeblichen Primates der praktischen Vernunft über die theoretische doch zu bejahen, müssen wir Kant und den Kantianern überlassen; der Primat der praktischen über die theoretische Vernunft dürfte ein neuer prunkhafter Titel eines alten asyli ignorantiae sein. Einen kantianischen Doktor der Theologie habe ich jüngst ausrufen hören: „Wer hat denn je die Wirklichkeit der Freiheit bewiesen? Daran glauben müssen wir." Müssen wir wirklich? „Kein Mensch muß müssen." Und ich müßte an Freiheit glauben? Warum müßte ichs denn? Das muß ich wohl auch wieder glauben, daß ichs muß. Ich denke immer, diese Kette des Glaubenmüssens werde doch endlich irgend einer empiristischen Rechtfertigung bedürfen.

Genug jetzt über Kant. Soweit er sich auf Erfahrungsboden hält, ist er Determinist. Soweit er aber von transcendentaler Freiheit redet, ist seine Doktrin von Widersprüchen und schwersten Mängeln überschattet. Und dazu war die intelligible Freiheit Kants für einen klaren beflügelten Geist wie Fechner „inintelligibel" und voll „unergründlichen Tiefsinns", so daß wenig Aussicht des Gelingens, wenn wir den

Lesern, die in der Mehrzahl doch etwas unter Fechner stehen, von Kant aus das Freiheitsproblem erhellen wollten. Wir geben es auf, als Kantphilologen und Kantinterpreten das Geheimnis der Freiheit aufzuhellen. Wir wollen als Philosophen das Objekt selbst in Untersuchung ziehen.

I. Der Gegenstand der Untersuchung.

Ein Bauer geht mit seiner Kuh zu Markt. Er will, sie muß; er ist frei, sie gezwungen. So wenigstens beurteilt er die Sache; bei allen dringenden Beweggründen, die ihn zu Markte treiben, taxiert er seinen Gang als freie Tat; so tut es mit ihm das Gros der Menschheit.

Anders eine Minderheit; diese behauptet, der Bauer und seine Kuh befänden sich in ganz gleichen Umständen. Werde sie an sichtbarem Seil geführt, so er an unsichtbarem. Von Freiheit sei bei ihm so wenig wie bei ihr; sie müßten beide. Die Beweggründe (Motive) seien tatsächlich für ihn Determinanten.

In diesem Gegensatz der Mehrheit und der Minderheit ist tatsächlich unser ganzes Untersuchungsobjekt gegeben.

Suchen wir immerhin dasselbe mit ein paar Paradigmen völliger zu fixieren:

Ein Durchschnittsmensch begleitet seine Handlungen und Zustände mit Urteilen folgender Art: Ich bin nun sozial der und der; aber es bestand keine unentfliehbare Notwendigkeit, gerade das zu werden, was ich geworden bin. Mein dermaliger Zustand ist nicht die Auswirkung einer Μοῖρα, einer ἀνάγκη, einer εἱμαρμένη. Ich bin weder durch mechanische noch psychische Notwendigkeit noch auch durch eine Verbindung beider determiniert. Ich bin Theologe; aber es stand nicht in den Sternen geschrieben, daß ichs werden mußte. Bei allen wie immer beschaffenen und noch so drängenden Motiven kam doch meinem freien Willen[1]) eine entscheidende Rolle zu. Mein Wille hätte als eine allen determinierenden Potenzen überlegene Größe meinem Lebensschifflein eine andere Richtung geben können.

Weiter: Jener Durchschnittsmensch betrifft sich zur Stunde in einer gewissen moralischen Verfassung, die andern Achtung, ihm Selbstachtung abnötigt. Dieser erfreuliche Zustand wird von ihm nicht gefühlt und beurteilt als etwas, was kraft einer unentfliehbaren Notwendigkeit so werden mußte. Er beurteilt seinen Zustand dahin, daß er kraft fortgesetzten guten Wollens also geworden; und von diesem Wollen nimmt er an, daß es auch anders hätte sein können.

Anderer Fall: Unser paradigmatischer Durchschnittsmensch betrifft sich vielleicht in einer Verfassung, die ihm die Verachtung der Mitmenschen einträgt, und die er mit Selbstverachtung begleiten muß. Auch diesen traurigen Zustand begleitet er nicht mit dem Bewußtsein, daß derselbe unvermeidlich war; er urteilt vielmehr, daß die Möglichkeit dagewesen wäre, anders zu wollen und kraft dieses andern Wollens einen ganz

---

[1]) Der Normalmensch empfindet den Namen des freien Willens als Pleonasmus. Der Wille als solcher gilt ihm als frei, als ein Gegensatz alles Müssens.

andern moralischen Habitus herbeizuführen. Und das Leiden, das seiner moralischen Verfassung als Folge verbunden ist, wird von ihm nicht als vom Schicksal zugewälztes Ungemach empfunden; das Gefühl des Leidens ist vielmehr drei- oder zehnfach verbittert durch das Bewußtsein, daß der Gesamtzustand nicht so zu sein brauchte, daß alles anders sein könnte, wenn er nur, wie's in den Grenzen der Möglichkeit lag, anders gewollt hätte.

Es darf als eherne Erfahrungstatsache gelten, daß alle Durchschnittsmenschen ihre Taten und Zustände mit solchen Urteilen begleiten; sie taxieren ihren Willen als eine allen determinierenden Faktoren überlegene Potenz.

Die weite Verbreitung dieses Urteil über den Willen beweist nun freilich noch nichts für dessen Richtigkeit. Bis auf die Tage des Kopernikus war auch alle Welt überzeugt, daß die Erde hier unten festliege, und daß die Sonne sich alltäglich um sie drehe. Es kam die Aufklärung und in derselben die Erkenntnis, daß jenes zuvor allgemeinmenschliche Urteil irrig war; es war ein idolon tribus humanae.

Die moderne Wissenschaft tendiert stark dahin, uns zu sagen, es verhalte sich mit der allgemeinmenschlichen Beurteilung des Willens nicht anders; sie sei wie die vorkopernikanische Weltansicht ein idolon tribus humanae.

Diese „Wissenschaft“, welche sich der allgemeinmenschlichen Beurteilung des Wollens gegenüber als Kopernikus fühlt, leugnet freilich nicht, daß des Menschen Leben durch das, was wir sein Wollen heißen, im höchsten Maß beeinflußt werde.[1]) Aber sie fügt hinzu, das sei die Illusion des allgemeinmenschlichen Urteils, zu wähnen, daß das Wollen des einzelnen Menschen so oder anders sein könnte. Das sog. Wollen bestimme freilich des Menschen Leben, sei aber selber auch eine determinierte Größe. Der Wille wird also als Hauptfaktor in unserm Leben anerkannt, aber selbst wieder als ein Element der Determination, der ἀνάγκη interpretiert. Zum Beispiel: Die guten Taten Jesu und Pauli seien freilich Ausflüsse ihres Wollens, genau so wie die schlechten des Judas Ischariot und des Nero. Aber eben dies Wollen, das gute und das schlechte, sei eines jeden Schicksal gewesen; ihr Wille sei durch ihr physisch-psychisches Erbe, durch die Erziehung, durch die Umgebung im weitesten Sinn determiniert gewesen; nirgends die leiseste Möglichkeit, anders zu sein, als sie de facto waren. Alles Wollen (wie real auch immer) sei, metaphysisch recht verstanden, ein Getriebenwerden, ein Müssen.

Dementsprechend werden von denen, die sich auf dem Willensgebiet als Copernici aufspielen, auch die Gewissensbisse als idolon tribus humanae ausgelegt.

---

[1]) Anders Ziehen „Leitfaden der physiologischen Psychologie“ S. 205: „Wir vermochten die letztere (die Handlung) aus der Empfindung und aus den Erinnerungsbildern früherer Empfindungen, den Vorstellungen, nach den Gesetzen der Ideenassoziation in völlig genügender Weise abzuleiten.“ Ziehen sieht nirgends einen Anlaß, so etwas wie einen Willen zu statuieren; Vorstellungen und Gefühle lösen die Handlungen aus. Eine angebliche Bestätigung, daß es so etwas wie Willen nicht gibt, liefert ihm (S. 207) auch die Psychiatrie, die von Willenspsychosen nichts wisse.

Das Urteil des Gewissens, dahin lautend „du hättest anders handeln sollen und auch können" ist ihnen eitel Torheit wie die Meinung von der Drehung der Sonne um die Erde. — Freilich räumen diese Copernici ein, die Gewissensbisse seien eine sehr wohltätige Torheit; sie wirkten nämlich als determinierende Faktoren im Leben, determinierend zum „Guten" und seien so eine sehr weise Veranstaltung der Natur zur Erreichung ihrer Zwecke. Zum Beispiel: wenn der Normalmensch einen Mitmenschen übervorteilt hat, so ist zwar der nachfolgende Gewissensbiß, daß er anders gehandelt, als er gesollt und gekonnt, inhaltlich rein illusorisch; er hat gehandelt, wie die Notwendigkeit ihn zwang. Aber der materiell falsche Gewissensbiß wirkt nun doch mit seiner höllischen Bitterkeit bei spätern Handlungen determinierend mit, und die Summe der materiell immer falschen Gewissensbisse hat vielleicht endlich die Wirkung, ihn zum „Guten"[1]) zu determinieren. Es erscheint also das allgemeinmenschliche Eidolon als der mächtigste Motor des sittlichen Lebens. Das Beste im sittlichen Leben quillt in diesem Fall aus dem Irrtum; und die „Aufgeklärten", welche über die Hecke sehen, das Illusorische der Gewissensbisse erkannt haben, und mit ihrer Erkenntnis das Schuldgefühl dämpfen und endlich löschen, haben eben damit einen Hauptmotor des sittlichen Lebens eingebüßt. Eine wunderliche,

---

[1]) Ich schreibe das „Gute" in diesem Zusammenhang in Anführungszeichen, weil etwas schlechthin Erzwungenes den Namen des Guten vielleicht nicht verdient. Der hohe Name des Guten ist nicht auf dem Boden des Determinismus gewachsen und sollte wohl auch nicht auf diesen Boden verpflanzt werden.

tolle Einrichtung der Welt, wenn sie also beschaffen ist, wie diese „Copernici“ uns einreden wollen, daß das Beste aus dem Irrtum quillt. Die Theorie, welcher die Rede von der Willensfreiheit als Torheit gilt, endigt hier bei der Einsicht: Wenns keine Willensfreiheit gäbe, und kein Mensch daran glaubte, so müßte man sie erfinden und den Glauben daran den Menschen einreden und einimpfen, weil dies in allen Fällen der mächtigste zum „sittlichen Leben“ determinierende Faktor sein wird.

Ähnlich wie zu den Gewissenbissen muß sich der Determinismus zum Begriff der Strafe stellen; dieser Begriff ist ganz bestimmt nicht auf deterministischem Boden gewachsen und bleibt hier ein Fremdkörper; man sucht ihn gleichwohl sich zu assimilieren. Recht witzig tut es Fechner (a. a. O. S. 174): „Ein Junge hört, daß alles in der Welt, auch Wollen und Handeln des Menschen, aus reiner Notwendigkeit folgt. Halt, denkt er, damit kannst du ja künftig deine Unarten entschuldigen, und alsbald begeht er eine solche. Der Vater schlägt ihn dafür. Was schlägst du mich, sagt der kluge Junge, ich kann nichts für meine Unart, die Notwendigkeit meines Wesens bringts so mit. Ganz gut, sagt der Vater, aber die Notwendigkeit meines Wesens bringts auch mit, daß ich dich dafür schlage. Der Junge meint, was geht mich diese fremde Notwendigkeit an, wenn die eigene innere Notwendigkeit mich forttreibt, dieselbe Unart zu begehen; also begeht er sie aber- und abermals; jedesmal schlägt ihn der Vater dafür stärker; und damit findet sich der Junge endlich doch innerlich genötigt, dieselbe Unart nicht mehr zu begehen. Für den Jungen setze den Menschen, für die Schläge Strafen überhaupt, für den Vater die göttliche Weltordnung." Ich fürchte, der Witz, mit dem die deterministische Straftheorie hier vorgetragen wird, könne das Greuliche derselben nicht zudecken. Fechner räumt auch ein, ohne den Glauben an ein strafendes und lohnendes Jenseits wäre es mit der vorigen Ansicht nichts. Ich fürchte, es ist auch mit dem Jenseitsglauben nichts mit jener Ansicht. Eine schöne göttliche Weltordnung das, die uns, die schlechthin Gebundenen, mit Schlägen zum Gastmahl des ewigen Lebens treibt! Wär's nicht doch besser, wenn der Determinismus auf „Witze" verzichtete und gestände, daß er mit der Strafe nichts anzufangen weiß! —

Im übrigen hören wir jetzt nach ihren bloßen Behauptungen die „Gründe" und „Beweise" der Deterministen an, und prüfen wir, ob dieselben zulänglich sind!

II. Die verschiedenen Formen des Determinismus und die Unzulänglichkeit ihrer jeweiligen Begründung.

Es gibt verschiedene Formen, den Determinismus zu begründen. Ich skizziere die vornehmsten derselben und schliesse jeweilen meine Kritik an:

1. Die vulgär-philosophische Form des Determinismus.

Der vulgär-philosophische Determinismus unserer Zeit räsonniert also: Es gibt ein Kausalitätsgesetz, demzufolge alle Dinge eine ungeheure Kette bilden, in welcher jedes Glied sowohl Wirkung als Ursache ist. „Jedes Ding und jedes Wesen in der Welt ist sowohl Wirkung als Ursache", sagt Höffding[1]) mit der Miene absoluter Selbstverständlichkeit. Vom Willen nun behaupten, daß er frei sei, heiße behaupten, daß er dem Kausalitätsgesetze nicht untertan sei. Wer von freiem Willen rede, vindiziere dem Willen die Fähigkeit, eine Reihe von Ereignissen schlechthin

---

[1]) Ethik, deutsche Übersetzung S. 79.

anzufangen; er nehme den Willen aus der Ursachenreihe heraus und behaupte, derselbe sei Ursache, ohne seinerseits Wirkung zu sein.

Diese Beschränkung der Giltigkeit des Kausalgesetzes wird vom vulgärphilosophischen Determinismus abgelehnt aus Gründen der Einheitlichkeit der Weltanschauung. Es widerstrebt den Herren, für einen Bezirk des Wirklichen, den Willen, Ausnahmegesetze zuzulassen. Sie machen das monistische Postulat geltend, daß das Kausalgesetz universale Giltigkeit haben müsse. Sie wollen nicht zulassen, daß das Gebiet des menschlichen Willens ein exemtes Gebiet sei; der Wille müsse mit in die ungeheure Kette des Geschehens, in der jedes Glied sowohl Ursache als Wirkung ist, aufgenommen sein.

Meine Kritik: Dies sog. Kausalgesetz, dem alles und auch der Wille untertan sein soll, ist selbst ein Stück Aberglaube. Was man unter jenem Titel als Alleinherrscher geltend macht, ist ein Popanz, mit dem man mich nicht schreckt. Jedes Ding, so verkündigt man, muß eine Ursache haben. Welches ist die Legitimation dieser Behauptung? Daß jede Wirkung ihre Ursache habe, das verstehe ich. Aber daß jede Ursache ihrerseits wieder Wirkung sein müsse, das verstehe ich nicht und habe nie eine wirkliche Begründung dafür gehört. Warum soll eine Ursache nicht allenfalls eine Ur-Sache, ein Erstes, ein Anfang sein? —

Wie fatal jener herrschende Kausalbegriff ist, zeigt sich auch, wenn das Dasein der Welt als ganzer erwogen wird:

Kein Ding ohne Ursache.

Folglich kein erstes Ding (kein Anfang des Weltgeschehens), weil dasselbe ursachlos sein müßte.

Folglich überhaupt kein Ding, weil das erste nicht in Erscheinung treten konnte und somit nicht alle folgenden. Es kann überhaupt nichts sein, weil die Reihe des Geschehens nie beginnen konnte. Es ist also der absolute Nihilismus die Folge jener Kausalitätslehre, deren Absurdität der regressus in infinitum nur schlecht verhüllt, niemals beseitigt.

Muß aber erst zur Vermeidung des Nihilismus in Ansehung der Welt als ganzer eine Ursache angenommen werden, die nicht selbst wieder Wirkung ist, so sind wir alsbald disponiert für die Erwägung, ob es nicht vielleicht auch im Fortgang der Welt in Gestalt von Willenstaten ähnliche Anfänge gebe. Jedenfalls wird der ebenso anspruchsvolle wie grundlose Satz „Jedes Ding muß eine Ursache haben“ jene Erwägung nicht hindern dürfen.

Das beiläufig. Im übrigen gehe ich jetzt daran, in anderer, wie ich hoffe, ganz überzeugender Weise zu zeigen, wie völlig unhaltbar jene herrschende Auffassung des Kausalgesetzes ist:

Was meinen wir mit dem Namen der Ursache?

Wenn ich von zwei Größen a und b die erste die Ursache der zweiten, die zweite die Wirkung der ersten nenne, so meine ich damit, daß a dem b zum Dasein verholfen habe, daß die Existenz des b auf a ruhe. Und wenn ich die vereinten Größen $l+m+n+o$ Ursachen der Größe x heiße, so meine ich, daß das Dasein der letztern vollständig auf der Summe jener andern ruhe. Das dürfte genau das sein, was im Grunde genommen jedermann unter Ursachen und

Wirkungen versteht. Unsere Definition dürfte auch als klar und unzweideutig gelten. Sie umschließt zwar keine Ansicht und auch nicht einmal eine Ahnung darüber, durch welche Mittel und Wege ein *a* als Ursache einem *b* als Wirkung zum Dasein verhelfen könne. Wir nennen ein erstes die Ursache eines andern, wenn es die Existenz dieses andern trägt, ganz unbekümmert darum, ob uns Mittel und Wege des Verursachens durchsichtig oder gänzlich verschlossen sind.

Gibt es aber nun auch im Reich des Wirklichen etwas, was dem definierten Ursachenbegriff entspricht? Die Allerweltsmeinung und die z. Z. herrschende „Weltweisheit“ glaubt die ganze Welt als Paradigma von Ursache und Wirkung zitieren zu können. Ich bin um Paradigmen mehr verlegen: Im ganzen Reich der Phaenomena — mit Gunst und Verlaub aller Naturforscher und aller Kantianer sei's gesagt — vermag ich nichts zu entdecken, was dem definierten Ursachenbegriff entspräche.

Was wir in der gesamten Erfahrung antreffen, das sind Reihen von Phänomenen, die mit großer Beharrlichkeit und Gleichförmigkeit einander zu folgen pflegen. Daher die fast allgemein menschliche Tendenz, die jeweilen sukzedierenden Erscheinungen wegen der beständigen temporalen und lokalen Verknüpfung (resp. Nähe) als Wirkungen der präzedierenden zu denken. So der gemeine Mann, so die vulgäre Naturwissenschaft.

Es ist Hume gewesen, der dem gegenüber energisch geltend gemacht hat, daß all diese Sukzessionen auch bei tausendfach sich wiederholender Verknüpfung doch kein wissenschaftliches Recht geben, die vorausgehenden

Erscheinungen als die Ursachen der nachfolgenden zu deuten und zu deklarieren. Wissenschaftlich können wir nur aussagen, daß gewisse Erscheinungen jeweilen lokal und temporal nebeneinander stehen, und es bleibt im millionsten Fall der Wiederholung ebenso problematisch, ob sie kausal verknüpft sind, wie im ersten. Nach Hume denken wir denn immer nur auf Grund von Gewohnheit, nie nach wissenschaftlichen Recht, irgendwelche Erscheinungen kausal verknüpft.

Kant kam bekanntlich durch diese Humeschen Gedanken in große Aufregung und Verlegenheit; er wollte denselben entfliehen, und die Art seines Entfliehens begründet zumeist den „welthistorischen Ruf" der kantischen Philosophie.

Was tat Kant? Er mußte Hume einräumen, daß ein empirisches Recht, die vorausgehenden Phänomena als Ursachen der nachfolgenden zu denken, nicht vorliegt, und es ist auch nach Kant keiner gekommen, der dies empirische Recht gegenüber Hume erbracht hätte. Also stimmte Kant Hume zu? Nicht doch. Kant erklärte, und das ist seine welthistorische Tat: „Was sich empirisch nicht rechtfertigen läßt, das vollziehe ich kraft eines apriorischen Kausalbegriffs. Ich bringe den Kausalbegriff als rein apriorische Verstandesform aus meinem Geist an die Phänomena heran. Was empirisch in bloß zeitlicher Sukzession vorliegt, verknüpfe ich durch diesen apriorischen Kausalbegriff."

Was wohl Hume dazu gesagt hätte, wenn er — er ist 1776 gestorben — so glücklich gewesen wäre, die „Kritik der reinen Vernunft" noch zu erleben und zu lesen und gar zu verstehen! Ich bin's gewiß, daß dieser scharfe Denker für den kantischen Ausweg nie mehr als ein Lächeln gehabt hätte. Unter dem Titel und Namen einer apriorischen Synthesis die durch die Erfahrung nicht hinlänglich motivierte Verknüpfung nun doch zu vollziehen, das wäre ihm höchstens als der krystallisierte Niederschlag eines populären Vorurteils im Gehirn eines Metaphysikers erschienen. Hume würde erklärt haben: Ob der Bauer und der unkritische Naturforscher zwei sukzedierende Phänomena kraft der Gewohnheit kausal verknüpft denken, oder ob Kant die nämliche Verknüpfung kraft eines apriorischen Kausalbegriffes vollzieht, fällt für mich in die nämliche Verdammnis. Was beweist doch all das Knüpfen, das gewohnheitsmäßige und das apriorische? Die Frage ist, ob die beiden Phänomena auch wirklich Ursache und Wirkung **sind**. Ihr denkt sie als solche, tuts gewohnheitsmäßig, oder apriori. Die Frage ist, ob wirklich das eine Phänomen als Ursache die Existenz des anderen trägt, und darüber wird durch all euer Knüpfen nichts entschieden.

Und nun besehe man den saubern Handel. Mit diesem faulen Kausalbegriff des Durchschnittsmenschen oder dem nicht bessern Kants, der gegenüber den Humeschen Bedenken nie gerechtfertigt worden ist, treten nun unsere Philosophen und Ethiker an den Willen heran und erklären: „Wir dulden nicht, daß der Wille ein exemtes Gebiet sei; er muß dem allgiltigen Kausalitätsbegriff untertan sein.“

Wie sagt ihr? Ihr wollt nicht dulden, daß der Wille ein exemtes Gebiet darstelle? Als wenn ihr von irgend einem Bezirk der Wirklichkeit, von irgend zwei empirischen Größen bewiesen hättet, daß sie kausal verknüpft seien! Ihr habt nicht auf einem einzigen Punkt der Wirklichkeit die Giltigkeit eures Kausalbegriffs erwiesen; und nun redet ihr dem Willen gegenüber von der Unzulässigkeit von Exemtionen. Ihr beansprucht Alleinherrschaft für euren Kausalbegriff, dessen Herrschaft doch nicht für den kleinsten Bezirk erwiesen ist.

Ergebnis: Die Freiheitsfrage kann vor diesem Kausalitätsbegriff noch nicht verloren sein. Wir beanspruchen keine Exemtion von der Botmäßigkeit eines legitimen Alleinherrschers; aber von diesem auf allen Punkten illegitimen Kausalitätsbegriff wollen wir unbehelligt sein.

Damit hat unsere Kritik einem Räsonnement der Deterministen gegenüber ihre Pflicht getan. Positiv darzulegen, wo denn nun wirklich Ursachen sich finden, wenn sie in der Reihe der Phänomena nicht nachweisbar sind, ist hier noch nicht der Ort.

2. Die empiristische Form der Begründung des Determinismus.

a) Abstammung, Erziehung, Milieu.

Ich resümiere hier über die Realitäten, die u. a. Paulsen zur Begründung des Determinismus verwendet hat.[1])

So viel wir sehen, nimmt das Menschenleben einen Anfang in der Zeit. Hängt das Geborenwerden irgendwie von der Wahl des Menschen ab? Ist es eine Sache seiner Entscheidung, ob und in welchen Verhältnissen er will geboren werden? Paulsen glaubt auf Grund der

[1]) Ethik, II. Buch, 9. Kap. 2. Abschnitt.

Erfahrung mit Nein antworten zu dürfen: der Mensch wird von Eltern erzeugt, die er sich nicht selber erwählt hat; er muß ohne Wahl die geistig-leibliche Gesamtverfassung derselben antreten; so gut wie ihre körperlichen Eigenschaften erbt er ihr Temperament, ihre Begierden, ihre intellektuellen Anlagen und Kräfte. Die Abstammung bestimmt augenscheinlich nicht nur unsern leiblichen Habitus bis zur Form des letzten Hautwärzchens und der Farbennüance unseres Haars, sondern ebenso bis ins allerfeinste unsere geistigen Anlagen, die Raschheit und die Langsamkeit unsers Denkens, die Feinheit und die Stumpfheit unseres Urteils, bestimmt unsere Neigungen und Abneigungen, unsere tugendhaften und unsere verbrecherischen Anlagen. — Jeder erhält aus dem Mutterleib ohne Wahl auch seine Geschlechtsbestimmtheit, die doch sein Leben so entscheidend bestimmt. Er erhält ebenso als Naturausstattung den Habitus eines bestimmten Volks. „In der Entstehung des Menschen," sagt Paulsen, „deutet also nichts darauf hin, daß er gleichsam ein exemtes Gebiet, eine Enklave in dem Reich der Natur bilde, für die ihre Gesetze nicht gelten."

Und wie nun weiter? Das im Mutterleib angetretene Erbe entwickelt sich nach der Geburt unter neuen determinierenden Faktoren der Umgebung, d. i. der Natur und vor allem der Kultur. Das Kind wächst auf in Luft und Sonnenschein, in der Schönheit und dem Reichtum eines gottgesegneten Himmelsstrichs; oder es wächst auf in der Armut und Frostigkeit eines kargen, öden Landes. Das Kind wird ernährt, gut oder schlecht; es hat die Erziehung in jedem einzelnen Fall ein bestimmtes individuelles Gepräge. Die Familie, die Schule, die Anstalten, in denen es aufwächst, formen zu jeder Stunde an ihm, und von diesen nie unterbrochenen Einflüssen muß jeder zum Schlußeffekt etwas beitragen. — Weiter: Das Kind wird durch die Erziehung eingetaucht in die Lebensform eines Volks. Sitten, Gewohnheiten, Urteile dieses Volks bestimmen seine Sitten, Gewohnheiten, Urteile. Es erwirbt die Sprache dieses Volks und damit eine Fülle von Begriffen, Urteilen und wahrscheinlich Vorurteilen, von denen es in der Folge beherrscht wird. Das Kind wird neben der Familie und der Schule geformt von der Kirche und vor allem von der Gesellschaft. Und wie wir in eine bestimmte Kirche hineingeboren werden, so auch in eine bestimmte Sphäre der Gesellschaft; und die Gesellschaft, welcher der einzelne durch seine Abstammung in der Regel lebenslänglich angehört, bestimmt ihm seine Geschmacksurteile und seine sittlichen Urteile, — verbietet ihm dies, gebietet ihm jenes, — tadelt dies, lobt das, — normiert alles und jedes. Paulsen schließt die diesbezügliche Darlegung folgendermaßen: „Volk und Zeit, Eltern und Erzieher, Umgebung und Gesellschaft bestimmen jedem einzelnen Menschen Anlage und Entwickelung, Lebensstellung und Lebensaufgabe. Er erscheint als ein Produkt der Gesamtheit, aus der er hervorwächst; wie ein Sproß am Baum nicht durch seinen Willen Form und Funktion hat, sondern durch den Gesamtkörper, an dem er wächst, so bestimmt auch ein Mensch nicht, selbst vor sich selber seiend, durch einen Entschluß seines Willens sich Gestalt und Lebenslos; er kommt in die Welt und funktioniert in der Welt wie ein Glied des Volkskörpers. Und mit dem Leben seines Volks ist also auch sein

Leben eingesenkt in das geschichtliche Gesamtleben der Menschheit und zuletzt in die ewige und unvordenkliche Notwendigkeit des Weltlaufs."[1])

b) Unsere Taten als Determinanten für die Zukunft, der empirische Charakter.

Wenn Erbschaft, Erziehung, Milieu für freie Selbstbestimmung keinen Raum zu lassen scheinen, so scheint angesichts eines weiteren Faktums die Selbstbestimmung vollends illusorisch: Meine Erfahrung legt nahe, daß mein bisheriges Handeln mein zukünftiges Handeln determiniert. Das scheint doch empirisch der Fluch der bösen Tat, daß sie fortzeugend Böses gebären muß; und das ist der Hauptsegen der guten Tat, daß sie für die Zukunft das Tun des Guten möglich macht. Meine bisherigen Taten erloschen nicht mit dem Augenblick der Ausführung; sie wirken vielmehr als zinstragendes Kapital, als psychische Dispositionen in mir fort; sie treiben mich im Sinne des Beharrungsvermögens (der vis inertiae der Physik) in einer bestimmten Richtung. Durch wiederholtes Handeln in der nämlichen Richtung werden die Dispositionen fest, gewisse Formen des Handelns werden Gewohnheit und Leidenschaft, ich bin ein Charakter (ein guter oder ein schlechter) geworden; denn unter Charakter verstehen wir doch die zur festen Gewohnheit gewordene Weise des Handelns. Wo bleibt dieser vis inertiae des sittlichen Lebens gegenüber die Möglichkeit freier Selbstbestimmung? Haben die Deterministen nicht recht,

---

[1]) Vergl. auch die Schrift von Renard: „Ist der Mensch frei?"

über eine pelagianisch gedachte Willensfreiheit, die als Charakter indelebilis, von keinerlei früheren Taten beengt, dem Menschen verliehen sein soll, zu spotten? — Werden sie nicht ebenso mit vollem Recht den Begriff der Umkehr und Neugeburt zu den Toten legen dürfen? In der Tat, die Deterministen werden sagen: Eure offizielle Moral, und zumal die von den Kanzeln verkündigte, redet ein Breites über Sinnesänderung, Umkehr, Wiedergeburt? aber jeder solche Redner wäre in höchster Verlegenheit, wenn er Paradigmen zu seiner Lehre, wirklich umgekehrte Menschen erweisen sollte. Der moralische Habitus der einzelnen Menschen zeige doch eine erstaunliche Beharrlichkeit. Wie ein treuer Hund treu bleibe und ein falscher falsch, so sei es auch beim Menschen. Wer einen bestimmten Menschen genau kenne, wer ihn in gewissen Situationen beobachtet habe, der könne auch voraussagen, wie derselbe sich in der Zukunft verhalten werde und brauche nicht zu fürchten, daß er als falscher Prophet erfunden werde. Diese eherne Regelmäßigkeit in den moralischen Willensäußerungen schließe Willensfreiheit aus.

c) Die Regelmäßigkeit von Willensentscheidungen nach der Statistik.

Nach der Statistik kehren gewisse Handlungen mit großer Regelmäßigkeit wieder. Die jährliche Anzahl der Heiraten, der Verbrechen, der Selbstmorde, ja der einzelnen Formen der Selbstmorde zeigt eine Konstanz, wie sie mit der Annahme freier Willensentscheidungen unvereinbar scheint. Wenn diese Handlungen mit so großer Regelmäßigkeit wiederkehren, so scheint doch evident, daß deren Ursachen entsprechend konstante, aller Willkür der Individuen entzogene Größen sein müssen. Es haben darum auch deterministische Denker die Ergebnisse der Moralstatistik als Beweismaterial für ihre Theorie verwertet.

Ich lasse alsbald meine Kritik dieses „empiristisch" begründeten Determinismus folgen.

ad a) Die aufgezählten Erfahrungstatsachen reichen trotz Paulsen und all seinen Gesinnungsgenossen bei weitem nicht zu einem Erfahrungsbeweis der Unfreiheit des Menschen. Die Erfahrung beweist allerdings, daß der Mensch nicht ein absolut freies Wesen ist, — nicht ein Gott, der von aller und jeder Umgebung unabhängig wäre, — auch nicht ein freies Wesen in dem Sinne, daß er in jedem Augenblick, durch alles Vorausgehende (Erbschaft und eigene Taten) unbehindert, von vorne anfangen könnte. Im übrigen aber haben Paulsen und Gesinnungsgenossen mit ihren Behauptungen die Erfahrung weit überschritten.

Einmal, so transcendiert die Behauptung, daß der Mensch ohne alle Selbstbestimmung die ganze Last des elterlichen Erbes angetreten habe, jede Erfahrung. Möglich, daß es so ist. Aber es ist ein nacktes Theorem, fußend auf der Annahme, daß die Zeugung des Menschen absoluten Anfang bedeute. Das ist, weit entfernt, eine Erfahrungstatsache zu sein, seinerseits ein höchst problematisches Theorem. Es ist ebenso denkbar und aus Gründen, die ich jetzt nicht darzulegen habe, **weit wahrscheinlicher**, daß meine individuelle Geschichte Äonen zurückreicht hinter jenen Akt neun Monate vor meiner Geburt, welchen die, so am Scheine kleben, für meinen absoluten Anfang halten möchten. Keine, schlechthin keine Erfahrung widersteht der Annahme, daß frühere selbsteigene Taten für mich die Nötigung enthielten, an diesem und diesem Ort, in solchen und solchen Verhältnissen geboren zu werden; meine Taten können den Zwang enthalten haben, daß ich gerade ein solches elterliches Erbe, wie es mir zu Teil geworden, antreten mußte. Keine Tatsache widersteht der Annahme, daß meine Eltern mich nicht eigentlich gezeugt, sondern nur in eine neue Phase meiner Seelenwanderung eingeführt haben; und die Art, wie ich diese Phase durchlebe und absolviere, wird vermutlich die Entwicklungsphase bedingen, in die einzutreten mir hernach möglich ist; die Taten meiner irdischen Menschenwallfahrt werden mir vermutlich nachfolgen, ja mir vorangehen als die Bahnbrecher ins neue Leben. Was ich so im Sinne Platons und großer orientalischer Denker und Religionslehrer, die ihm vorausgingen, andeute, ist freilich auch bloß Theorem; nur darf man nicht wähnen, dasselbe mit dem Theorem des „blöden Augenscheins", wonach unser Leben in der irdischen Zeugung seinen absoluten Anfang hat, zu überwinden. Platon und die Orientalen sind immerhin von etwas anderm Gewicht als die modernen Philosophen des Augenscheins.

Aber gesetzt nun auch, daß wider die Vermutungen und Ahnungen großer Denker die ganze Last meines elterlichen Erbes mir ohne alle Selbstbestimmung und Wahl zugeteilt sei, ist denn damit auch schon bewiesen, daß ich durch das Erbe determiniert bin? Leidet denn der Tatbestand nicht auch die andere Auslegung, daß mir in Gestalt der elterlichen leiblich-geistigen Mitgift ein Material zugefallen, das ich in Taten der Selbstbestimmung bearbeiten, gestalten, verbessern soll? Wer unterfängt sich denn, mit Tatsachen zu beweisen, daß in meinem Erbe (inkl. die späteren determinierenden Faktoren) die zureichenden Gründe vorlagen für das, was ich geworden bin, daß auch nicht ein Quintlein zur hinlänglichen Begründung fehlte? Möglich ist bis auf weiteres auch das andere, daß das Erbe nur in Verbindung mit einem Faktor der Selbstbestimmung, der das erstere bearbeitete, das Resultat meines Lebens erklärt.

Und wer will weiter beweisen, daß nach dem Erbe die Erziehung und die Umgebung im weitesten Sinne schlechthin determinierend gewirkt haben? War nicht am Ende auch die Erziehung, waren nicht alle Einflüsse der Umgebung nur ein weiteres Material, das ich mit eigenen Taten so oder so bearbeitet habe? Jedenfalls reicht keine Erfahrung so weit, daß man solches in Abrede stellen könnte. Die Empiriker haben ihren eigenen Boden verlassen, sind Nichtempiriker geworden, wenn sie behaupten, daß die Erfahrung absolute Determination beweise.

ad b) Was mein Determiniertsein durch meine früheren Taten und die Konstanz meines guten oder schlechten Charakters betrifft, so hat man bei weitem das Erfahrungsmäßige überschritten, wenn man den Faktor der Selbstbestimmung als nicht vorhanden erklärt. Ganz gewiß bin ich in keinem Augenblick meiner irdischen Wallfahrt in der Lage, meine früheren Taten als nicht vorhanden zu betrachten; dieselben folgen mir nach und bestimmen meinen moralischen Habitus. Noch weniger kann ich von der zur festen

Gewohnheit gewordenen Handlungsweise (d. i. vom sog. Charakter) abstrahieren. Aber damit ist noch lange nicht bewiesen, daß das Frühere die **zureichenden** Gründe für das Nachfolgende enthält. Die Deterministen behaupten es; bewiesen haben sie es nie. Möglich bleibt immer noch, daß alle meine früheren Taten, wie drängend und zwängend immer sie mich verfolgen, doch immer nur ein Material konstituieren, das in der jeweiligen Gegenwart bearbeitet werden soll und kann. Vielleicht muß doch mein Leben nicht in der Richtungslinie meiner früheren Taten weiter gravitieren; vielleicht zeichnet auch nicht einmal die zur festen Gewohnheit (zum Charakter) gewordene Weise des Handelns meinen Weg mir unbedingt vor. Gewiß kann ich das Vorausgegangene und Gegebene nicht annullieren; aber vielleicht ist es mir doch möglich, durch eigene Taten mein Leben in jedem gegenwärtigen Augenblick von seiner Gravitationsrichtung leise abzulenken.

Vielleicht ist es so, sage ich. Denn positiv zu beweisen habe ich hier noch nichts. Es genügt hier, das Negative nachgewiesen zu haben, daß die „empiristischen" Deterministen die Erfahrung weit überschritten haben. Nie hat einer von ihnen wirklich bewiesen, daß inmitten der determinierenden Faktoren, die wir andern auch sehen, ein Faktor der Selbstbestimmung (der Freiheit) ausgeschlossen sei. Die empiristische Begründung des Determinismus ist mißlungen.

ad c) Die regelmäßige Wiederkehr von Handlungen, wie sie uns die Moralstatistik darlegt, beweist nichts für den Determinismus. Der Anhänger der Willensfreiheit hat weder Erfahrung noch Logik gegen sich, wenn er also urteilt: Die regelmäßigen Reihen der Statistik beweisen nicht einen Moloch der Notwendigkeit, dem so und so viele Opfer dargebracht werden müssen. Dieselben erzählen bloß, daß unter den gegebenen nötigenden Verhältnissen, die niemand leugnet, so und so viele sich zur Eheschließung, zum Diebstahl, zum Raubmord, zum Selbstmord faktisch entschlossen haben und immer wieder entschließen, nicht aber, daß sie sich haben entschließen müssen. Dieselben erzählen, daß bei Verschiebung der nötigenden Faktoren, z. B. beim Steigen der Kartoffel- und Kornpreise jeweilen eine kleinere Zahl wie sonst zur Ehe, mehr wie sonst zu Diebstahl, Raub- und Selbstmord sich entschließen, nicht aber, daß sie sich entschließen müssen. Mit dem Müssen prädiziert man immer etwas, was die Erfahrung übersteigt. Es ist denkbar, daß der absolute Zwang determinierender Faktoren jene regelmäßigen Reihen der Moralstatistik zur Folge hat; aber es ist ebenso denkbar, daß inmitten der gegebenen Verhältnisse die freien Entschließungen der vielen Individuen jene regelmäßigen Reihen herbeiführen. Was unter dem Denkbaren das Wirkliche ist, kann jedenfalls durch keinen deterministischen Machtspruch entschieden werden.

Im übrigen will ich in Sachen statt eigenem Räsonnement nur noch ein treffliches Wort Lotzes[1]) anführen: „Zweideutig sind die statistischen Resultate, wonach gewisse Handlungen mit ausnahmsloser Regelmäßigkeit wiederkehren und dadurch allgemeine Gesetze, denen sie unterworfen sind, bezeugen

---

[1]) Grundzüge der praktischen Philosophie S. 20.

sollen. Wenn man bereits voraussetzt, daß keine Freiheit möglich, sondern alle denkbaren Ereignisse durch Gründe bedingt sind, dann freilich beweist die regelmäßige Wiederkehr bestimmter Handlungen das beständige Vorhandensein der Gründe, die sie bedingen; allein so lange diese Frage noch schwebt, also die Möglichkeit der Freiheit erst geprüft werden soll, kann keine Art der Wiederkehr von Handlungen, weder eine regelmäßige noch eine unregelmäßige, für rätselhafter oder einer Erklärung bedürftiger gehalten werden als irgend eine andere; und jene statistischen Tatsachen bedeuten, selbst wenn sie ganz richtig sind, nichts weiter als Erzählungen davon, wie sich die Freiheit entschieden hat, ohne irgend einen Schluß auf Gründe möglich zu machen, die ja eben durch die Ansicht von der Freiheit prinzipiell geleugnet würden."

3. Die Deutung der Gefühle (Motive) als Determinanten oder der Gefühlsdeterminismus.

Der „Gefühlsdeterminismus" (sit venia verbo) ist, recht besehen, nicht eine neue Form des Determinismus gegenüber der empiristischen; er ist nur ein Komplement dazu. Der Gefühlsdeterminismus setzt alle die unter 2) besprochenen Faktoren, welche die Freiheit angeblich ausschließen, voraus, fühlt sich aber schließlich verpflichtet, die Medien zu nennen, durch welche inmitten jener determinierenden Faktoren in jedem einzelnen Fall die Entschließungen resp. Handlungen herbeigeführt werden; als solche glaubt er die Gefühle resp. das in jedem einzelnen Fall prävalierende Gefühlsmotiv bezeichnen zu dürfen.

Sehen wir zu! Tatsächlich ist unser Wollen so oder so mit Gefühlen der Lust und der Unlust (mit Motiven) innig verflochten. Diese Verflechtung ruft der Erwägung, ob nicht alles sog. Wollen aus dem Mechanismus der Lust- und der Unlustgefühle als etwas schlechthin Notwendiges resultiere. Die Deterministen behaupten es. Sehen wir zu, ob sie es beweisen können:

Unbestreitbar ist zunächst folgendes:[1]) Es gibt kein absolutes Wollen, das nur Wollen überhaupt wäre; jeder Willensakt will etwas Bestimmtes. Dies Objekt des Wollens ist ein bestimmter Erfolg oder Zweck. Das Wesentliche dieses Erfolges, um deswillen er gerade gewollt wird, ist eine Gefühls- oder Lustgröße. Was mir gleichgiltig ist, was nicht so oder so meine Seele befriedigt, ihr eine Lust gewährt, oder eine vorhandene Unlust vertreibt, daran kann ich nie meinen Willen setzen. Die Erkenntnis, daß jedes Wollen einen Zweck, d. i. einen Erfolg, d. i. ein Gut, d. i. eine Lust resp. eine Befreiung von Unlust erstrebt, ist unentfliehbar; und die Meinung, daß eine Partikel der Willensakte, nämlich die sittlichen, mit Lustgrößen nichts zu tun hätten (davon unbefleckt seien), ist ein Kantischer Traum, der freilich selbst als Traum unvollziehbar ist. Das Kriterium des Sittlichen und Unsittlichen kann nicht in etwas liegen, was jedem Willensakt unveräußerlich ist.

Fest steht also der Satz: „Ich will immer irgend welche Gefühlgrößen, will sie um der Lust willen, die sie mir gewähren.“ Aber nun kehren mir die

---

[1]) Vgl. oben S. 10.

Deterministen den Satz alsbald um, indem sie sagen: „Die Gefühlsgrößen wollen mich.“ Sie sagen: Die Zwecke meines Wollens, die Lustgrößen, sind Motoren meines Wollens, treiben so oder so die Willensakte hervor. Anders gesagt: Mein sog. Wollen ist durch die Motive determiniert. Der zuverlässig richtige Satz, daß all mein Wollen irgend welche Gefühlsgrößen zum Ziele hat, ist damit verdrängt durch den wesentlich andern, daß all mein Wollen eine Resultante des Gefühlsmechanismus ist. Zwar ist es die Meinung der Deterministen nicht, daß bei der Konkurrenz verschiedener mich bestimmender Gefühle die Sache wie in physicis nach dem Parallelogramm der Kräfte zur Entscheidung komme. Wenn die Lust, spazieren zu gehen, und die Lust, einen schönen Roman zu lesen, mich gleichzeitig affizieren, so kann die Lösung nicht in der Diagonale der beiden Lustmotive stattfinden; ich werde das Eine oder das Andere tun, und das für mich mächtigere Lustmotiv wird dabei den Ausschlag gegeben haben; es geht also hier nicht nach Analogie des Parallelogramms der Kräfte, vielmehr nach Analogie einer Wage.

Nun urteilt freilich der Normalmensch, daß der Wille als eine Potenz für sich über die miteinander ringenden Gefühle eine gewisse Herrschaft ausübe und sich für das Eine oder das Andere entscheiden könne. Der Determinist sagt ihm, das sei lauter Schein. Nur für die oberflächliche Laienbetrachtung sei der Wille eine die Gefühle beherrschende Potenz; tatsächlich werde der Wille durch die Gefühle oder Motive ausgelöst. Der Laie urteile: „Ich habe wollend von den mich bestimmenden Gefühlsgrößen die und die erwählt“;

der Wissende aber sage: „Ich bin von der und der Gefühlsgröße als der für mich mächtigsten zum Handeln determiniert worden“. Eine freundliche Täuschung des Selbstbewußtseins spiegle dem Menschen vor, daß er ein Herr der Gefühle sei; tatsächlich sei er deren Knecht.

Also gibts für den Deterministen hier überall keine Freiheit? O doch, es scheint auch bei der dargelegten Schätzung der Motive noch Raum für Freiheit zu bleiben. Die Deterministen machen sich nämlich klar, daß unsere Willensakte sich doch wenigstens in einem Punkte von den Resultanten eines mechanischen oder chemischen Experiments unterscheiden: sie sind durch Bewußtseinsakte vermittelt. Und hier im Selbstbewußtsein scheint der Willensfreiheit bei allem Determinismus eine Freistatt aufgetan zu werden. „Freiheit“, sagt der Determinist Wundt,[1]) „ist die Fähigkeit eines Wesens, durch selbstbewußte Motive unmittelbar in seinen Handlungen bestimmt zu werden.“ Wie ernst es mit dieser Freiheit gemeint ist, erhellt freilich schon daraus, daß sie durch das Passivum „bestimmt werden“ definiert wird. Das klingt fast so hoffnungsvoll wie die Definition jenes weisen Thebaners unter den Theologen, der den Willen als die Summe der unwillkürlichen Strebungen des Menschen definierte. Aber hören wir jetzt Wundt: Zwang, so lehrt er, ist überall dort, wo die unmittelbaren Ursachen des Handelns außerhalb des Selbstbewußtseins liegen. Doch genügt nach Wundt das Vorhandensein psychischer Tätigkeiten als innerer Motive nicht als

---

[1]) Ethik, I. Aufl. S. 397.

Kriterium der Freiheit. Der Träumende, der Geisteskranke handeln nicht frei, obgleich sie bewußten Motiven folgen. Ebenso sind die reinen Triebhandlungen unfrei; das eine (bewußte) Motiv, durch das sie determiniert sind, wirkt zwingend, weil keine andern Motive im Bewußtsein existieren, welche jenes eine aufheben könnten. Zur Freiheit gehört nach Wundt Willkür, d. i. die Wahl zwischen verschiedenen Motiven. Aber auch das genügt noch nicht; der Geisteskranke wägt auch verschiedene Motive gegeneinander ab; und dennoch ist seine Entschließung nicht frei. Was fehlt noch? Wundt antwortet: „Nicht daß eine Wahl stattfindet, sondern daß die Wahl selbst eine freie sei, erscheint uns als das wahre Kennzeichen einer freien Handlung; und frei nennen wir die Wahl, wenn sie mit Selbstbewußtsein geschieht." Den Namen des Selbstbewußtseins braucht Wundt in diesem Fall in der tiefern Bedeutung eines Bewußtseins der eigenen Persönlichkeit mit allen ihren auf der zurückgelegten Willensentwicklung beruhenden Eigenschaften. Selbstbewußt d. i. frei handeln heißt sonach: mit dem Bewußtsein der Bedeutung handeln, welche die Motive und Zwecke für die Persönlichkeit oder den Charakter des Wollenden haben. Und ähnlich definiert Wundt S. 410: „Der Mensch handelt im ethischen Sinne frei, wenn er nur der innern Kausalität folgt, welche teils durch seine ursprünglichen Anlagen, teils durch die Entwicklung seines Charakters bestimmt ist." Es kommt also nach Wundt darauf an, alle in der ganzen Persönlichkeit, in ihren Anlagen und ihrem Charakter konsolidierten Motive in die Helle des Bewußtseins zu rücken; findet eine Entscheidung in der Helle dieses Bewußtseins statt, so ist die Handlung frei. Wird dagegen ein Mensch den Augenblicksmotiven gegenüber nicht durch diese innere Kausalität seiner gesamten geistigen Persönlichkeit determiniert, so ist er im Handeln unfrei. Verstehen wir recht: eine absolute Determination (ein Müssen) findet nach Wundt auch beim freien Handeln statt. Der Unterschied ist nur der, daß der Unfreie von einer Augenblicksaufwallung determiniert wird, während der sittlich Freie, dem das Selbstbewußtsein die ganze geistige Vergangenheit und die im Charakter konsolidierten Motive darbietet, von den in der ganzen Persönlichkeit abgelagerten Motiven determiniert wird.

Wie aber, wenn diese geistige Vergangenheit die Vergangenheit eines Nero oder Caligula ist? Wie, wenn in der Persönlichkeit, im Charakter nur die sinnlich egoistischen Motive in grauenerregender Stärke sich konsolidiert haben? Dann handelt eben nach Wundt ein solches Individuum frei, wenn es durch seinen schlechten Charakter determiniert wird. Sittlich unfrei aber ist es, wenn es einmal von einem wohlwollenden Augenblicksaffekt sich zu einer Handlung verführen läßt.

Aber bleiben wir jetzt bei dem erfreulicheren Fall, daß eine Persönlichkeit ein gesegnetes Erbe im Mutterleib angetreten hat, in einem guten Milieu aufwachsen durfte und im Gehorsam gegen Verstandes- und höchste Vernunftmotive[1]) ausgereift sei, und daß dem Selbstbewußtsein im Augenblick der Entscheidung

---

[1]) Vid. Wundt a. a. O. S. 440—447.

jeweilen alle jene höchsten Motive gegenwärtig seien. Die Handlungen eines solchen Individuums sind auch absolut determiniert; aber es kann sich freuen, daß es muß, gut muß.

Aber wo ist in alledem ein Anlaß, von Freiheit zu reden? Das bleibt doch ein arger Mißbrauch eines Wortes, das sicher zu anderm Zweck erfunden ist. Es liegt bei Wundt wieder jene durch innern Zwang bestimmte oder psychologische Freiheit vor, über die Kant als über die Freiheit eines von einem Uhrwerk getriebenen Bratenwenders spottete. Der Name der Freiheit ist nun einmal nach normalem Sprachgebrauch nur dort zulässig, wo die Möglichkeit des Andersseins vorausgesetzt wird. Und gerade das leugnet Wundt. Die von uns gedachte gute Persönlichkeit muß sein, was sie ist.

Oder täuschen wir uns? Liegt doch vielleicht nach Wundts Meinung etwas wirkliche Freiheit in jener intellektuellen Tätigkeit, die mir die in meinem Charakter konsolidierten Motive ins Bewußtsein rückt oder zu rücken unterläßt? Ist das vielleicht seine Meinung, daß es Sache meiner Freiheit (meiner wirklichen Freiheit) ist, ob ich mir die Motive in ihrer Ganzheit oder ob ich nur einen Teil derselben ins Selbstbewußtsein rufe? In diesem Fall hätten wir folgende plausible Vorstellung: Die einzelne Tat würde zwar durch die jeweilen ins Selbstbewußtsein gerückten Motive durchaus determiniert sein. Aber ob ich die rechten und ganzen Motive ins Selbstbewußtsein gerufen oder nur einen Teil derselben und vielleicht die geringeren, bliebe irgendwie Sache der Freiheit (der wirklichen Freiheit); und damit wären indirekt auch meine Taten Sache der Freiheit. Meine bösen Taten bleiben dann meine freien Taten, sofern ich es willkürlich unterlassen, die idealen hemmenden Motive ins Selbstbewußtsein zu rufen.

Wundt und seine Gesinnungsgenossen geben keinen Raum für diese Auslegung. Ob bei mir als einem Knecht des Augenblicks nur ein einzelnes sinnliches Motiv ins Bewußtsein tritt, oder ob mir jeweilen alle höchsten und im Charakter verfestigten Vernunftmotive in der vollen Helle des Selbstbewußtseins leuchten, das ist doch wohl nach Wundt wie andern Deterministen selbst wieder determiniert. Mein im Mutterleib angetretenes Erbe, zumal meine intellektuellen Anlagen und mein Gedächtnis, meine Erziehung u. s. w. bestimmen doch die Enge und die Weite meines Selbstbewußtseins. Es hängt also im Sinn der Deterministen von Faktoren ab, die durch die Notwendigkeit mir zugewälzt sind, ob nur ein Motiv, oder einige, oder alle höchsten meine Persönlichkeit konstituierenden Motive ins Selbstbewußtsein treten und mein Handeln bestimmen. Also lauter Notwendigkeit in allen Fällen; die durch selbstbewußte Motive bestimmte Tat, welche Wundt frei nennt, hängt auch an der Kette der Notwendigkeit. — Der Determinist Holbach hat sich in seinem Système de la nature gerade über diesen Punkt sehr deutlich ausgesprochen. Er sagt:[1]) „Man hat den Menschen für frei erklärt, weil man sich einbildete, seine Seele könne sich nach Willkür Ideen zurückrufen, die bis-

[1]) Vid. deutsche Übersetzung (Frankfurt und Leipzig 1783) Bd. I, S. 213—217.

weilen hinreichend sind, seine heftigsten Begierden im Zaum zu halten. Die Idee eines künftigen Übels hindert uns bisweilen, uns einem sich uns darbietenden Vergnügen zu überlassen. Eine Erinnerung, eine unmerkliche und flüchtige Modifikation unsers Gehirns vernichtet auf diese Weise in jedem Augenblick den Einfluß der wirklichen Gegenstände, die unsern Willen in Bewegung setzen. Aber es steht keineswegs in unserer Gewalt, uns unserer Ideen nach Willkür zu erinnern. Die letztern sind ohne unser Wissen oder Zustimmung in dem Gehirn in eine gewisse Verbindung getreten und haben daselbst mehr oder minder tiefe Eindrücke hinterlassen. Unser Gedächtnis selbst hängt von unserer Organisation ab u. s. w. . . . Unsere Art zu denken wird notwendig durch den Zustand bestimmt, in welchem wir uns befinden. Sie hängt also von der Organisation und den Modifikationen ab, welche unsere Maschine unabhängig von unserm Willen empfängt. Dieses muß uns notwendig überzeugen, daß unsere Gedanken, unser Nachdenken, unsere Art zu sehen, zu empfinden, zu urteilen, Ideen zu verbinden u. s. w. nichts weniger als willkürlich oder frei sein könne. Mit einem Worte, unsere Seele gebietet keineswegs über die Bewegungen, welche in ihr vorgehen, und es steht nicht bei ihr, sich so oft als es nötig ist, die Bilder oder Ideen vorzuhalten, welche fähig wären, ihren anderweitig erhaltenen Eindrücken das Gegengewicht zu halten.“ So Holbach. Es gibt also nach diesem Philosophen keine Freiheit in der Weise, daß wir nach Willkür Motive ins Bewußtsein zu rufen im stande wären, so den Einfluß anderer Motive paralysieren und mithin indirekt frei handeln könnten. All unser Denken und alles wie immer sonst beschaffene Auftauchen der Motive im Selbstbewußtsein ist immer nur Glied in der unzerreißbaren Kette der Notwendigkeit. Und ich denke nicht, daß Wundt oder ein anderer Determinist diese Holbachschen Gedanken wird ablehnen wollen. Wundt wird auf seinem Boden lehren müssen, daß der eherne Arm der Notwendigkeit auch in den Akten des Selbstbewußtseins sich auswirkt; die von den höchsten Vernunftmotiven geleiteten sittlichen Genien, wie Sokrates und Jesus, sind ebenso schlechthin gebunden wie der Elende, der, von einer eifersüchtigen Augenblicksaufwallung geleitet, den Freund niedersticht. Der ganze Urteils-, Erinnerungs- und Motivenprozeß, der im Selbstbewußtsein des „sittlichen Heros" vor sich geht, macht die Notwendigkeit des Gefühlsmechanismus, der nach der Lehre der Deterministen die Taten auslöst, auf keinem Punkte lockerer.

Wir haben zuvor die Frage aufgeworfen, ob nicht etwa trotz aller determinierenden Motive Freiheit möglich bleibe, weil die Handlungen durch Bewußtseinsakte vermittelt sind. Es ist (trotz Wundts irreführender Terminologie) auf deterministischem Boden nur ein klares Nein möglich gewesen. Wir stehen also nach dieser Zwischenerwägung am alten Ort; das Evangelium des Determinismus lautet, gleichviel, ob die Taten mit oder ohne Selbstbewußtsein zu stande kommen, schließlich: Nicht der Wille regiert die Gefühle, sondern die Gefühle regieren den Willen. Und ob auch das Bewußtsein dir vorspiegeln mag, daß du selbstherrlich dein Leben lenkst, so bist du doch tatsächlich dem eigenen Leben gegenüber ein inaktiver Zuschauer, der rein leidentlich abwarten muß, zu welchen Handlungen die Gefühle resp. Motive dich zu determinieren belieben.

Meine Kritik dieser Motivtheorie: Diese Lehre besteht aus lauter Behauptungen, sie transzendiert schlechthin jede Erfahrung. Wer hätte denn je bewiesen, daß in meinen Anlagen, Gefühlen u. s. w. die zureichenden Gründe meiner Taten oder auch nur einer einzigen meiner Taten gegeben seien! Wer hätte je bewiesen, daß in der Summe der determinierenden Faktoren eine einzige Tat ohne Rest begründet sei, daß jedes Plus selbstherrlicher Willenskausalität zum Entstehen der Tat entbehrlich, ja ausgeschlossen sei! Ich nage z. B. inmitten von allerlei Verlockungen geduldig an dieser harten Nuß, an der sich schon manch' ein Besserer die Zähne ausgebissen, dem Freiheitsproblem. Die Deterministen sagen, meine geduldige Arbeit, über der ich „des Lebens goldenen Baum“ derweilen unbeachtet lasse, erkläre sich aus meinen Anlagen und den in mir wirksamen Motiven vollständig. Kann sein! Aber statt es immer nur zu behaupten, hätte man es ehrenhalber zu beweisen. Tatsächlich behauptet man es nur. Keine Rede davon, daß die Deterministen durch Analyse der Erfahrungswelt ihren Satz gefunden, durch die legitime Nötigung von Tatsachen zu demselben geführt worden sind! Vielmehr steht den Deterministen das Dogma, es könne so etwas wie Freiheit nicht geben, a priori fest, und von dem apriorischen Satz aus wird hernach das Wirkliche (des Menschen Handeln) zurechtgedrückt; und wenn es sich nicht schicken will, ruft man gelegentlich Gewalt zu Hilfe. — Es wäre unpassend, den Beweis des Determinismus unzulänglich zu nennen; wir haben tatsächlich keinen solchen Beweis und auch nicht einmal den ernsten Versuch eines solchen zu hören bekommen.

III. Positive Widerlegung des Determinismus. Die Realität des Willens.[1])

Wir haben unter II. das Negative zu leisten gesucht, indem wir dargelegt, daß der Determinismus nicht zulänglich begründet sei. Ich wende mich zu dem Größern, der positiven Beweisführung, daß der Determinismus ein Irrtum, weil er der Wirklichkeit auf entscheidendem Punkte nicht gerecht wird.

Gehen wir von einer notorischen Tatsache aus, dem Konflikt der deterministischen Theorie mit der breiten Alltagserfahrung. Theorien haben doch wohl die Aufgabe, das Wirkliche zu beschreiben und in klaren Sätzen zu formulieren. Daß der Determinismus das tut, springt nicht eben klar in die Augen. Wenn ein Marsbewohner zu uns käme und, bevor er die Menschen kennen lernt, erst die deterministische Theorie studierte, müßte er vom Menschen sich ein wunderliches Bild machen. Er müßte erwarten, den Menschen seinen eigenen Taten gegenüber in der Lage eines Zuschauers zu finden, der von wohlgepolsterter Theaterloge aus

---

[1]) Ich sage nicht des „freien Willens“, weil mir das als Pleonasmus gilt.

ruhevoll zusieht, was werden will, — zusieht, welches Gefühl oder Motiv in jedem gegenwärtigen Augenblick die Übermacht erlangt und eine Reflexhandlung auslöst; denn alle wie immer sonst beschaffenen Handlungen der Menschen müßten ihm auf Grund der deterministischen Theorie als durch Gefühle ausgelöste Reflexe gelten.

Hintendrein trifft er die Menschen in wesentlich anderer Verfassung: ihr Arbeiten, Laufen, Rennen und all ihre Geberden intensiver Anstrengung zeigen nicht das Bild von müssigen Zuschauern. Und wenn der Marsbewohner einen der Irdischen über die auffallenden Phänomene der Anstrengung interpelliert, so wird ihm derselbe erklären: Ich fühle mich durchaus nicht als passiven Zuschauer, der dem durch Gefühle determinierten Lustspiel oder Trauerspiel meines Lebens seinen unaufhaltsamen Lauf lassen muß. Ich befinde mich vielmehr den auf mich eindringenden Gefühlen der Lust und der Unlust gegenüber in intensiver Anspannung, in energischer, ja erschöpfender Tätigkeit. Ich überlasse es nicht den Gefühlen (Motiven), in gegenseitiger Konkurrenz miteinander zu rivalisieren und durch ihr eigenes Schwergewicht einander zu überwinden und mich zu Reflexhandlungen zu veranlassen; ich spreche vielmehr selbst ein entscheidendes Wort mit; als Kämpfender, Duldender, Ordnender bestimme ich, welche Gefühle als Motive von Fall zu Fall mein Handeln bestimmen dürfen. Gleich jenem Prototyp der kämpfenden Menschheit, dem Herakles, der mit einer vielköpfigen Hydra rang und Kopf um Kopf und immer wieder nachwachsende Köpfe abschlug, so ringe ich mit meiner Gefühlswelt als einem vielköpfigen Drachen und schlage oft mit der Waffe eines kategorischen „Ich will nicht" auf das vielköpfige Ungetüm der mich bedrängenden und versuchenden Affekte.

So erklärt sich der Normalmensch gegenüber jenem Marsbewohner. Ihm gilt das Ich (der Wille) als eine eherne mächtige Realität gegenüber allen Gefühlen. In der Tat, wenn die Theorie der Gefühlsmechanisten richtig wäre, so wäre nicht Herakles das Prototyp der echten Menschen, der Zeussöhne. Eine sensible Reflexmaschine, ein überempfindliches hysterisches Weiblein wäre dann das Prototyp.

In der Lage des Alkiden, der mit Hydren rang und Leuen erwürgte und selbst den Weg in den Hades nicht scheute, fühlen sich alle ernsthaften Menschen; sie fühlen sich nicht als müssige Zuschauer des Motivenmechanismus, die ihre eigenen Taten als unvermeidliche Reflexe erleiden, vielmehr als Kämpfer, deren Würde nach dem Maß ihrer Tapferkeit und Ausdauer taxiert werden muß.

Nach den Deterministen ist nun freilich all dies herakleische Selbstgefühl lauter Selbsttäuschung. Und wer ein wissenschaftlicher, d. h. mit Realitäten umgehender Mensch werden will, muß dies Selbstgefühl zu den Toten legen, und, die Praxis der „wissenschaftlichen Einsicht" anpassend, wird er nicht ruhen, bis er der Motivenwelt gegenüber sich als leidentlichen Zuschauer fühlt und von Minute zu Minute gelassen abwartet, was seine Motive an sog. Handlungen in ihm auszulösen belieben.

Indessen können wir es nun nicht abwarten, ob die Menschheit, von „deterministischer Einsicht" erleuchtet, dem Heraklesideal absterben und dem Vorbild einer

Reflexmaschine zugravitieren will. Wir übernehmen die hoffnungsvollere Aufgabe, zu prüfen, ob nicht am Ende jene herakleischen Ansprüche der Menschheit legitim sind, d. h. der Wirklichkeit entsprechen.

Aber wie werden wir vorgehen? Werden wir uns zur Entscheidung der Sache vielleicht auf ein unmittelbares sittliches Bewußtsein berufen dürfen? Ein Denker ersten Ranges, Lotze, weist uns diesen Weg. Er sagt im Mikrokosmus (I. 292): „Daß die Gesamtheit aller Wirklichkeit nicht die Ungereimtheit eines überall blinden und notwendigen Wirbels von Ereignissen darstellen könne, in welchem für Freiheit nirgends Platz sei: diese Überzeugung unsrer Vernunft steht uns so unerschütterlich fest, daß aller übrigen Erkenntnis nur die Aufgabe zufallen kann, mit ihr als dem zuerst gewissen Punkte den widersprechenden Anschein unserer Erfahrung in Einklang zu bringen.“ Diese pathetische Äußerung des großen Denkers könnte die, welche sich mit gelassener Seele, als ob es sich um eine Handvoll Nüsse handelte, die Freiheit wegdisputieren lassen, aufwecken. Freiheit gilt Lotze als eine Position von so eminenter Wichtigkeit, daß er aller, sage aller übrigen Erkenntnis die Aufgabe zuweisen möchte, den etwa widersprechenden Anschein unserer Erfahrung damit in Einklang zu bringen. Dawider ist nichts einzuwenden. Aber daß ihm die Position als „Überzeugung unserer Vernunft“ von Anfang unerschütterlich feststeht, darin vermag ich ihm nicht zu folgen. Auch würde ich, wenn ich sie hätte, mit dieser Überzeugung die „Vernunftüberzeugung“ der Deterministen, daß so etwas wie Freiheit nicht existieren kann, daß jedes Element der Wirklichkeit seine Ursache haben muß, nicht überwinden können. Da gehören

Gründe und Einsichten her. Es handelt sich um eine ordentliche Analyse der Wirklichkeit; die Frage ist, ob uns diese Analyse Freiheit als etwas Wirkliches offenbart. Wir können auf legitime Weise immer nur bejahen, was in irgend einer Form der Erfahrung uns entgegentritt und sich als ein Wirkliches ausweist. Wir wollen jetzt nicht vergessen (was Lotze anderwärts lehrt), daß Wissenschaft immer genau soweit reicht als die Möglichkeit (resp. Wirklichkeit) des Beweises und Gegenbeweises. Es handelt sich um nichts Geringeres als einen Beweis. Die Frage ist, ob es empirische Realitäten gibt, in denen uns Freiheit entgegentritt, die also einen Beweis der Freiheit möglich machen, oder ob es solche nicht gibt.

Zur Sache denn! Stellen wir erst ein paar elementare Sätze fest:

1. Unser Wollen (gleichviel was es im übrigen sei, frei oder unfrei) hat jedenfalls, wie schon früher dargelegt, immer und unvermeidlich die Realisierung von Gütern zum Ziel. Wollen heißt in concreto immer, ein bestimmtes Übel beseitigen, ein bestimmtes Gut herbeiführen wollen.

2. Der wesentliche Bestandteil des Übels, um deswillen es uns als Übel gilt, ist der Schmerz, den es uns bereitet. Der wesentliche Bestandteil des Gutes ist die Lust, die es mir gewährt oder verspricht. Abseits vom Schmerz ist schlechterdings nichts, wodurch mir ein Ding zum Übel würde; abseits von der Lust ist nichts, wodurch mir ein Gut wirklich ein Gut wäre. Alle wie immer beschaffenen Werte stehen auf der Empfindung von Lust und Leid. — Wen es etwa empören sollte, daß der Lust so hohe Bedeutung eingeräumt wird,

mache einmal die Annahme, daß uns bei aller intellektuellen Begabung die Möglichkeit, Lust und Leid zu empfinden, abhanden käme. Kann er zweifeln, daß damit auch jeder Wertbegegriff für uns verschwunden ist? Und alle Taten, auch Raub und Mord und was uns jetzt als verabscheuungswürdig gilt, würden jetzt ein absolut harmloses Geschehen sein, weil weder ich noch sonst jemand dadurch ein Unbehagen erleiden würden. — Es bleibt dabei: jedes wie immer sonst beschaffene Gut steht auf der Lust, jedes Übel auf dem Schmerz.

3. Der Begriff des Gutes (resp. des Übels) umspannt nicht bloß eine Partikel unserer Phänomenalwelt, sondern die ganze. Denn Lust und Unlust sind Begleiterscheinungen unserer sämtlichen Phänomena. Es liegt wohl nur daran, daß wir kleine Gefühlswerte nicht zu messen resp. aus unserer Gesamtstimmung nicht herauszufühlen verstehen, wenn wir glauben, daß die Gefühlsbegleitung gewisser Vorstellungen gleich Null sei. Wenn wir eine ganz feine Gefühlswage hätten, die wir glücklicherweise außer im Zustand neurasthenischer Hyperempfindlichkeit nicht haben, so würden wir leicht konstatieren, daß jede ob auch noch so harmlose und für das Gefühl anscheinend neutrale Vorstellung, daß jede Farbe, jeder Ton, jeder Begriff, jedes Urteil, jeder Satz, den wir in der Zeitung lesen, einen, ob auch noch so kleinen, doch immer reellen Gefühlswert für uns hat. Alles, was immer in unserer Seele aufleuchtet, liefert seinen Beitrag zur Gesamtstimmung (zum Gesamtgut oder Gesamtübel) meines Lebens.

Suchen wir nach diesen elementaren Darlegungen den Begriff des Zweckes und dessen Verhältnis zum Motiv genauer zu fixieren:

Unter Zwecken verstehen wir der Seele vorschwebende zukünftige Güter. In dem Augenblick, da sie aufgehört haben, zukünftig zu sein, weil sie wirklich geworden sind, haben die Zwecke aufgehört, Zwecke zu sein.

Die Vorstellung eines Zwecks ist selber nicht zukünftig, sondern gegenwärtig in meiner Seele. Diese gegenwärtige Vorstellung eines in der Zukunft stehenden Zwecks hat wie jede Vorstellung ihre Gefühlsbegleitung. Diese Gefühlsbegleitung der Zweckvorstellung wird Motiv oder Beweggrund meines Willens, der Realisierung des Zwecks nachzujagen.

Die Größe der Lust (resp. des Schmerzes), womit ein vorgestellter Zweck meine Seele zu affizieren vermag, begrenzt sein Gewicht als Motiv. Jeder in der Zukunft stehende Zweck hat so viel Motivationsgewicht, als er meine Seele mit gegenwärtiger Lust (resp. gegenwärtigem Leid) zu erfüllen vermag. Entfernte Zwecke können in meiner Seele nicht wirken mit dem Gewicht der Lust, die sie dermaleinst, wenn sie verwirklicht sind, mir gewähren mögen. Die himmlische Seligkeit z. B. wirkt in der Seele des Frommen nicht mit dem ungeheuern Gewicht der Freude, welche dereinst in der Erfüllung beschlossen sein mag; sie wirkt — das Selbstverständliche muß hier nachdrücklich gesagt werden — nur mit dem Gewicht der Freude, womit sie **gegenwärtig** in Gestalt der Hoffnung u. s. w. seine Seele zu erwärmen vermag.[1]) Die in der Zweck-

[1]) Es sei hier beiläufig auch noch eine andere Selbstverständlichkeit festgelegt: Es muß immer eine Lust meiner Seele sein, was ihr Motiv oder Willensimpuls werden soll. Wenn Wundt (Ethik S. 440) die Zwecke in zwei Gebiete teilt, von denen das eine die auf

vorstellung beschlossenen Motive oder Willensimpulse sind schlechthin präsentische Größen.

Aber nun die Frage: Wird bei der unvermeidlichen Verflechtung unseres Wollens mit Lust- resp. Schmerzmotiven das Wollen nicht notwendig als eine durch die Motive ausgelöste Reflexerscheinung sich darstellen? Wie kann man bei der Unvermeidlichkeit jener Motivation noch hoffen, die Willensfreiheit zu retten?

Antwort: Das kann man, sofern man sich von den Tatsachen leiten läßt.

Zur Sache: Ich anerkenne bei allem Wollen die Unentbehrlichkeit der Gefühlsmotive; aber ich bestreite, daß diese Motive die zureichenden Kräfte sind, durch welche unsere Willensakte nach der Weise von Reflexen ausgelöst würden.

---

die Förderung des eigenen Selbst gerichteten Lebenszwecke umfasse, das andere diejenigen, welche dem Vorteil der Nebenmenschen oder der sozialen Gemeinschaft dienen, — und wenn er das erste Zweckgebiet auf die eigennützigen, das andere auf die gemeinnützigen Triebe abstellt, so liegt da ein psychologischer Irrtum vor. Ich kann mein eigenes fühlendes Ich nie überfliegen. Ich kann die Förderung meiner Kinder, der Gemeinde, des Vaterlandes mir immer nur zum Zweck setzen, sofern diese Förderung so oder so mir selbst Befriedigung gibt. Und alle wie immer beschaffenen höchsten Vernunftzwecke können meine Sache immer nur soweit sein, als sie auch für mich selbst ein Gut sind. Es bleibt also wider jene Wundtsche Zweiteilung unser ceterum censeo: was nicht so oder so mir selbst Befriedigung gibt, kann nicht Motiv meines Handelns sein. Und alle wie immer beschaffenen Zwecke bis zum höchsten Liebesdienst an den Brüdern wirken als Motiv oder Willensimpuls nur mit dem Gewicht der Lust, welche deren Vorstellung in mir erweckt.

Ich urteile: Wäre unser Handeln eine durch unsre Gefühle (d. i. die Motive) ausgelöste Bewegung, ein wenn auch unbewußtes Gestoßenwerden, so müßte unser Handeln in jedem Augenblick, dem stärksten Motive nachgebend, die höchste für **diesen Augenblick** erreichbare Lust realisieren.

Und solches oder doch annähernd solches Geschehen läßt sich ja wirklich beobachten. Der Faule, ungerührt durch alle entfernt liegenden und nur mit Entsagung erreichbaren Güter, spricht zu sich: „Schlafe noch ein wenig, schlummre noch ein wenig, schlage die Hände ineinander, damit du schlafest!" Und wenn der Halbschlummer gewichen, hält er fortgesetzte Zwiesprache mit seiner Seele: „Was magst du nun? Was kann dich in den nächsten Minuten kitzeln und am besten ergötzen? Ist vielleicht etwas tüchtige Gedankenarbeit gefällig?" O nein! Von der Seite kommt kein obsiegendes Lustmotiv. Dann vielleicht, damit dir bei der Arbeitslosigkeit die böse Langeweile fern bleibe, das große Surrogat der Gedanken und der Anstrengung, die Zigarre, und eine Zeitung dazu zur Anregung eines angenehmen Gedankenspiels?" Sehr angenehm! Und hernach? Am besten eine zweite und dritte Auflage von beidem, bis dem nun doch nachgerade etwas monoton werdenden Vormittagsvergnügen der Frühschoppen Abwechslung bringt, und begleitendes Gespräch mit gleichstrebenden Kommilitonen die Seele auf die Höhen der Menschheit führt. Nach diesen Taten werden die vier oder sechs Gänge eines ordentlichen Diner, der schwarze Kaffee und die Havannas und des Skates prickelnde Reize und unendliche Variationen wieder ein paar

Stunden weiterhelfen, bis die ordentliche Bierstunde gekommen ist, und bis die Nacht nach des Tages Plage ihre Lust bringt.

Ein ähnliches Paradigma wie der Faule ist der Trinker: die höchste für den Augenblick erreichbare Lust bestimmt ihn. Fort mit den Grillen und Sorgen, fort mit allen Gedanken an die Zukunft, ist sein Leitmotiv. Alle Güter und Übel der kommenden Tage, Ehre, Wohlstand, Gesundheit, gesegnetes Familienleben einerseits, Armut, Schande, Krankheit, Jammer von Weib und Kind anderseits kommen nicht als obsiegende Motive zur Geltung. Er lebt für den Augenblick, und das Höchste, was für den Augenblick erreichbar ist, ist noch ein Glas und noch ein Lied, noch ein Scherz und noch eine Albernheit — bis zur Bewußtlosigkeit.

Paradigmen also, wie sie jener Gefühlsdeterminismus erwarten läßt, liegen vor.[1]) Aber diese Paradigmen entsprechen nicht dem Gewöhnlichen, nicht dem Normalen, geschweige dem Idealen. Die normalen Menschen und gar die Helden zeigen ein ganz anderes Verhalten. Es ist eine Tatsache: wir sind unter normalen Verhältnissen im stande, eine kleinere Lust als die im Augenblick mögliche zu wählen; ja wir sind im stande, der Lust den Abschied zu geben und den Schmerz zu wählen.

---

[1]) Freilich, keines dieser Paradigmen entspricht ganz dem, was zu erwarten wäre. Keines der angeführtgn Paradigmen zeigt reine Gefühlsgravitation und absolute Willenserweichung; Spuren dessen, was ich demnächst als Willen ins Licht stellen werde, sind hier überall noch vorhanden.

Beispiele: Ein Landmann trägt in der Ernte 16 bis 18 Stunden des Tages Last und Hitze. Er hätte die physischen, die psychischen und die materiellen Mittel, sich einen Festtag zu machen; und doch keucht und schwitzt er 16 Stunden im Sonnenbrand. Ist das ein Ergebnis des Gefühlsmechanismus? Die Deterministen werden es behaupten, weil sie es, ihrer Theorie gehorsam, müssen; ein obsiegendes Lustmotiv determiniere ihn zur schweren Mühe. Wir andern nehmen die Sache vorläufig als Beleg dafür, daß es einem Menschen möglich ist, ad interim den Schmerz zu wählen.

Ein normaler Student läßt je und je des Lebens goldenen Baum mit allerlei lockenden Früchten stehen und mutet sich in Geduld schwere andauernde Arbeit zu.

Ein Steuermann, dem Jugend, Gesundheit, gesegnetes Familienleben beschert sind, gibt beim Ausbrechen eines Feuers im Schiff jenem behaglichen Zustand den Abschied, steht in Rauch und Feuer am Steuerruder und opfert das Leben.

Manch ein Blutzeuge erduldet Marter und Tod, die er mit einem leichten Wort sich vom Leibe halten könnte. Manch' ein Kranker erduldet die schmerzhafteste Operation, der er mit einem Wort sich entziehen könnte.

Wie stehts nun in diesen Fällen? Etwa so, daß diese Menschen der Leitung durch Güter und Übel (Lust und Unlust) sich völlig entschlagen haben? Vielleicht so, daß sie (kantisch) der Pflicht gehorsam sind, ohne irgend einer eudämonistischen Motivation zu bedürfen, — oder so, daß sie (schopenhauerisch) das Wunder rein altruistischen Wollens fertig gebracht haben? Keineswegs. So etwas gibt es nicht. Wie früher festgestellt, kann sich kein lust- und leidempfängliches Wesen der Leitung durch eudämonistische Motive je entziehen. Was wir dem Endämonismus gegeben, fordern wir nicht wieder zurück. All die genannten Menschen lassen sich, bewußt oder unbewußt, mit klarer Einsicht oder instinktiv durch Lust- und Schmerzmotive leiten.

Also behielte doch der Gefühlsmechanismus recht? O nein! Denn in diesem Falle müßte ihr Handeln ganz anders ausfallen. Der Landmann würde alsbald der drückenden Hitze und großen Anstrengung entfliehen und sich im Schatten gütlich tun. Der Student würde die schwere, erschöpfende Arbeit ruhen lassen. Und ähnlich in den andern Fällen.

Aber wie denn endlich? Diese Menschen sollen unvermeidlich durch eudämonistische Motive geleitet und doch der Gravitation der Gefühle nicht untertan sein? Allerdings, so ist es. **Das eben ist die Aporie, und die Lösung dieser Aporie ist die Lösung der Willensfrage.**

Lösen wir dieselbe — Deo adjuvante:

Evident ist zunächst in den angeführten und allen ähnlichen Beispielen, daß die also Handelnden durch die Lustbilanz sich leiten lassen. Der Kranke, der sich eine Wunde ausbrennen läßt, tut es um eines allem Schmerz der Operation weit überlegenen Guts willen. Der Steuermann wäre ganz unfähig, für seine Mitmenschen den Feuertod zu sterben, wenn er nicht dadurch ein allen Schmerzen des qualvollsten Todes überlegenes Gut auch für sich behauptete. Und wer immer arbeitend, kämpfend, leidend sich für die Brüder opfert, kann solches nur, wenn und sofern ihm ein alle Schmerzen der Hingebung überragendes persönliches Gut winkt.

Aber nun beachte man in diesen Beispielen: es ist der Schmerz, den diese Menschen an sich kommen lassen, da als ein aktueller von großer Intensität. Die Güter oder Zwecke dagegen stehen in der Zukunft, und die Vorstellung der Zwecke umschließt kein dem Schmerz überlegenes Lustgefühl oder Motiv.

Oder vielleicht doch? Die hartnäckigen Deterministen werden ihrer Theorie zulieb die Behauptung wagen, daß jene paradigmatischen Menschen den für sie so viel Schmerz einschließenden Weg nur gehen konnten, weil das zukünftige Gut in Gestalt der Hoffnung (oder wie immer) als eine dem gegenwärtigen Schmerz überlegene gegenwärtige Lust in die Seele hineinstrahle, also rein mechanisch den Schmerz überwältige, resp. als Motiv die beschriebenen Handlungen auslöse.

Ich halte das angesichts der Empirie für eitle Ausflucht. Das Angesicht der Menschen ist ja doch ein Spiegel der Seele, ein unverdächtiger Zeuge ihrer Leiden und Freuden. Seht doch den Kranken auf dem Operationstisch, den Steuermann John Brown im Feuerqualm, den Märtyrer in Todesqual! Wo bleibt die Freude? Strahlt eine große Lust so von eines Menschen Angesicht? Ihr Gesicht ist von Schmerz verzerrt; und von einer dem Schmerz überlegenen Lust malt sich darauf nichts.

Gewiß wirft das zukünftige Gut, um deswillen wir gegenwärtigen Schmerz gewählt, in Gestalt der

Hoffnung einen Vorgeschmack der Freuden in unser Herz. Aber dies Angeld ist eine relativ kleine Lust, die ganz außer stande ist, durch ihr eigenes Gewicht dem intensiven gegenwärtigen Schmerz obzusiegen; und so bleibt es ganz hoffnungslos, den vorliegenden Tatbestand durch Gefühlsmechanismus zu erklären.

Die Sache ist diese: Der Kranke, der sich ohne Narkose operieren läßt und so ein großes gegenwärtiges Leiden wählt, hält sich an ein fernes Gut (die Gesundheit), das nicht als ein dem Schmerz überlegenes Lustmotiv die Seele okkupiert. Und eben dies „Sich dran halten", dies „Festhaltenkönnen" offenbart uns eine der Gefühlsgravitation überlegene Realität und macht den Gefühlsmechanismus zu schanden.

Ich bringe unsre Erkenntnis in Form eines Syllogismus zum Ausdruck: Es liegt in den Handlungen der Menschen tausendfach ein Geschehen vor, das durch den Gefühlsmechanismus unmöglich herbeigeführt sein kann. Trotzdem der Gefühlsmechanismus die zureichenden Ursachen nicht enthielt, ist das Geschehen doch wirklich geworden. Folglich muß eine weitere Potenz vorhanden sein, durch welche es doch zu stande kam. Diese andere Potenz[1]) nenne ich Willen.

[1]) Vielleicht läßt sich ein Determinist einfallen, zu sagen, die andere Potenz, welche hier entdeckt werde, sei weiter nichts als Fleisch und Blut, das im Mutterleib angetretene Erbe, die Erziehung, das Milieu u. s. w. Der Einfall wäre ein Irrtum. Die Frage war ja eben die, ob ein Mensch von Fleisch und Blut, der dies und dies elterliche Erbe angetreten hat, so und so erzogen worden ist, in

Was ist derselbe? Sagen wir lieber zunächst, was er nicht ist. Der Wille offenbart sich in den beschriebenen Fällen nicht als die Potenz, die eudämonistischen Motive zu eliminieren und sich der Wegleitung von Gütern oder Zwecken zu entziehen, wohl aber als die wunderbare Potenz, unter der Direktion zukünftiger Güter und Übel zu handeln. Er ist die Kraft, über kleinere oder größere Zeiträume hinweg an Gütern festzuhalten, die sich keineswegs als intensive gegenwärtige Lust geltend machen. Der Wille ist eine zeitüberspannende Potenz, ein Vermögen, die Gefühle im Blick auf die Zeit, ja im Blick auf die Ewigkeit zu disziplinieren. Hätten die Anhänger des Gefühlsmechanismus recht, so müßten alle unsre Handlungen sub specie momenti erfolgen, resp. als Reflexe ausgelöst werden, wie es beim Säugling und beim Sinnenknecht ja annähernd der Fall ist. Beim Potator z. B. ist die Fähigkeit, sich an ferne Güter zu halten, sehr reduziert; d. h. der Wille ist erweicht, fast auf nichts reduziert. Beim Normalmenschen dagegen zeigt sich diese Potenz, der Wille, in kräftiger Aktion; beim Idealmenschen vollends ist

---

diesen und diesen Verhältnissen aufgewachsen ist, durch Gefühle in seinem Handeln determiniert werde; die Frage ist, ob der inmitten jener wie immer „determinierenden" Faktoren aufgewachsene Mensch in seinem Handeln rein durch Gefühlsmotivation bestimmt werde. Die Frage ist verneint. Wer nun für das fehlende Plus jene „determinierenden" Faktoren, die ja schon verrechnet sind, noch einmal verrechnen wollte, handelt ungereimt. Noch wichtiger ist, daß jene „determinierenden" Faktoren allzumal, auch wenn sie nochmals in Anschlag gebracht werden dürften, nicht derart sind, das Phänomen der „Zeitüberspannung" zu erklären.

sie die souveräne Potenz, die das ganze Gefühlsleben sub specie aeternitatis diszipliniert.

Die Gefühlsmechanisten (resp. Deterministen) haben bei ihrer Theorie eine Kleinigkeit übersehen, nämlich die ungeheure Realität der Zeit und unser Vermögen, die Gefühle im Blick auf diese Realität zu disziplinieren. Hier wird der Mensch als ein dem Augenblick überlegenes Zeitwesen, in seiner höchsten Form sogar als Ewigkeitswesen offenbar.

Daß das Willensproblem und das Zeitproblem aufs engste zusammenhangen, dürfte klar sein. Im übrigen aber wird nun manch einer sagen, es sei gewagt, die Realität des Willens (oder der Freiheit) auf die Realität der Zeit abzustellen, sintemal seit Kant ja feststehe, daß die Zeit nur eine apriorische Form der Anschauung sei. Es „steht“ nun freilich vieles „fest“, was morgen doch am Boden liegt. Aber ich bin doch genötigt, im Interesse des Willensproblems das Zeitproblem aufzurollen und die Realität der Zeit zu erweisen.

IV. Realität und Wesen der Zeit.

Ob wir wohl über das Wesen der Zeit bei den Philosophen der Vergangenheit Aufklärung finden? Schwerlich! Klopfen wir immerhin bei zwei oder dreien, die den Namen haben, daß sie mit dem Zeitproblem ernstlich gerungen, an!

Aristoteles definiert uns die Zeit als μέτρον κινήσεως. Hat er damit das Wesen der Zeit bezeichnet? Ganz bestimmt nicht. Jedes denkbare Ding muß doch mit einer gleichartigen Größe gemessen werden, die Linie mit einer Linie, die Fläche mit einer Fläche, der Körper mit einem Körper, die Härte mit einer Härte, die Kraft mit einer Kraft, Schnelligkeit mit einer Schnelligkeit, Bewegung mit einer Bewegung. Maß der Bewegung ist also immer wieder eine Bewegung, und an diesem Maß bleibt die Zeit ein Problem wie am Gemessenen. Die Zeit wird ja freilich etwas aller Bewegung Eigentümliches sein; aber eben dies Eigentümliche stellt die aristotelische Definition nicht ins Licht.

Kant erklärt in der transcendentalen Ästhetik, die Zeit sei kein von der Erfahrung abgezogener empirischer

Begriff. Das mag wohl sein und wird von mir später positiv erhärtet werden. Aber wenn sie nicht irgendwie empirisch ist, dann ist sie doch wohl im Reich des Phänomenalen ein μὴ ὄν.

Kant wills anders. Die Zeit ist nach ihm zwar keine empirische Vorstellung, wohl aber eine Vorstellung a priori, die allen empirischen Vorstellungen zugrunde liegt. Er hat nur leider zu zeigen vergessen, daß sie überhaupt Vorstellung ist. Ich habe die Zeit im Reich meiner Vorstellungen weder als empirische noch als apriorische zu konstatieren vermocht. So oft ich die angeblich notwendige Vorstellung packen will, scheitre ich immer an einer Unmöglichkeit; ich packe immer nur das zeitlose Jetzt und zwei imaginäre Arme, die vorwärts und rückwärts davon ausgehen; die Zeit entwischt mir.

Kant lehrt weiter, man könne in Ansehung der Erscheinungen die Zeit nicht aufheben; sobald man das tue, habe man die Erscheinungen selbst aufgehoben. Dagegen könne man sehr wohl alle Erscheinungen aus der Zeit wegnehmen, ohne die Zeit zu verlieren; wenn auch alle Erscheinungen wegfielen, so bliebe doch die Zeit. Das hat der treueste Anhänger der Kantschen transcendentalen Ästhetik, Arthur Schopenhauer, folgendermaßen formuliert: „Wenn auch alle Veränderungen stockten, so würde doch die Zeit ihren Gang gehen ohne Ende.“ Es bleibt mir immer verwunderlich, wie zwei so bedeutende Denker dergleichen haben behaupten können. Eine nackte Fiktion! Man zeige uns doch, was die Zeit, wenn von aller empirischen Veränderung abgesehen wird, sein soll! Es wird jeder die Erfahrung machen, daß er unfähig ist, solches zu tun.

Da war doch der Dichter J. P. Hebel ein besserer Philosoph der Zeit als Kant und Schopenhauer, weil er mit instinktiver Klarheit fühlte, daß eine unlösbare Beziehung zwischen Veränderung und Zeit besteht. Er wußte, daß er, um dem Leser eine Zeit zum Bewußtsein zu hringen, die entsprechenden Ereignisse aufrollen muß. Drum sagt er denn, um die Vorstellung von fünfzig Jahren zu erwecken, im „Bergmann von Falun“: „Unterdessen wurde die Stadt Lissabon in Portugal durch ein Erdbeben zerstört, und der Siebenjährige Krieg ging vorüber, und Kaiser Franz I. starb, und der Jesuitenorden wurde aufgehoben, und der Struensee wurde hingerichtet, und Amerika wurde frei, und die vereinigte französische und spanische Macht konnte Gibraltar nicht erobern, ... die französische Revulution und der lange Krieg ging an, und der Kaiser Leopold II. ging auch ins Grab, Napoleon eroberte Preußen, und die Engländer bombardierten Kopenhagen, und die Ackerleute säten und schnitten u. s. w. u. s. w.[1]) Zum Schluß stellt Hebel mit der Plastik des großen Poeten ein lebendiges Denkmal fünfzigjähriger Veränderung hin, die in all der langen Zeit dem verlorenen Bräutigam treugebliebene Verlobte in der Gestalt des „hingewelkten kraftlosen Alters“; ihre gebrochene Gestalt, die Runzeln ihres Gesichtes, ihre weißen Haare projizieren die fünfzig langen Jahre mit all ihrem Lieben und Hoffen, Leiden und Entsagen in die Gegenwart, während der im Vitriol konservierte Leichnam des Jünglings in der Schöne der Jugend prangt und von der Zeit nicht berührt worden ist.

---

[1]) Man beachte vor allem auch das dem Zweck angemessene Polysyndeton!

Und wer's von Hebel nicht lernen mag, wie es sich mit der Zeit verhält, den kann vielleicht Goethe von Schopenhauerschen Gedanken heilen. Man beachte z. B. die Ballade vom vertriebenen und zurückkehrenden Grafen, wo uns der Dichter die Zeit durch die Veränderungen, die an Vater und Tochter geschehen, zum Bewußtsein bringt: der Bart wächst ihm länger und länger, das liebliche Kind in dem Mantel wird größer und größer. Und wie sich der Mantel entfärbt und in Stücke zerfällt, ist es mählich zur Jungfrau erwachsen, ein schönes Denkmal entflohener Jahre, wie der zerstückte Mantel davon ein häßliches ist.

Schreiten wir jetzt auf eigenen Füßen zur Erörterung des Zeitproblems! Was meinen wir mit dem Namen der Zeit? Ein schlichter empirischer Tatbestand wie der Raum oder die Sonne oder ein Stück Schwarzbrot ist es nicht. Empirisch ist nur die Gegenwart, das Jetzt. Das Jetzt aber gilt uns nicht als Zeit, da ihm gerade das abgeht, was nach unser aller Gefühl das Eigentümlichste an der Zeit ausmacht, die Dauer. Die Zeit, die wir empirisch nicht aufzeigen können, denken wir uns aus zwei imaginären Komponenten, Vergangenheit und Zukunft, zusammengesetzt.

Wenn aber die Zeit ein empirischer Tatbestand nicht ist, dann ist sie ja wohl ein Nichts? Gewiß ein Nichts, wenn sie im Reich der Phänomena gesucht werden soll. Denn hier ist sie überall nicht zu finden. Also ist sie ein Nichts?

Noch bleibt eine andre Möglichkeit. Die Zeit kann immer noch etwas Reelles sein, aber dann nicht aus dem Gebiet des Phänomenalen, sondern der intelligiblen Größen. (Analogon: Die Seele ist nicht phänomenal und doch wirklich als intelligibles Wesen, was ich hier ohne Beweis mir vorauszusetzen erlaube. vid. übrigens Kap. V.)

Suchen wir der Zeit positiv näher zu kommen! Unter der Zeit verstehen wir eine Realität, welche den Phänomenen die Möglichkeit gibt, so und anders zu sein, — verstehen wir das Etwas, das der Veränderung Raum gibt. Der nämliche phänomenale Gegenstand, der Sonnenball, erscheint mir am östlichen Horizont, erscheint mir im Meridian, erscheint mir am westlichen Horizont. Das nämliche Ding erscheint mir als Schneeflocke — als Wassertropfen — als ein Quantum Dampf. Der nämliche Mensch ist fröhlich, ist traurig, — ist hungrig, ist satt — ist gesund, ist krank.

Frage: Wie kann doch der nämliche Gegenstand hier und dort und am dritten Ort, ja an unendlich vielen Örtern sein? Wie kann der nämliche Gegenstand sowohl fest als flüssig als gasförmig sein? Wie mag das nämliche Ich sich in so widersprechenden Zuständen befinden? In summa: wie ist Veränderung möglich?

Antwort: Dies Wunder der Veränderung ist möglich durch eine zureichende Ursache. Das ist doch eine unanfechtbare Antwort. Es muß eine zureichende Ursache geben, die den Dingen die Möglichkeit gibt, ja sie nötigt, sowohl so als anders zu sein. An der Wirklichkeit dieser Ursache kann füglich nicht gezweifelt werden. So gewiß die Veränderung in der Phänomenalwelt d. i. die Universalität des Weltgeschehens ist, so gewiß die zureichende Ursache derselben.[1])

---

[1]) Vgl. im folgenden Kapitel V das Nähere über Ursachen und Wirkungen.

Diese zureichende Ursache der Veränderung ist aphänomenal (intelligibel).

Wir nennen diese aphänomenale Ursache der Veränderung Zeit, nennen sie so in Übereinstimmung mit allen Völkern. Denn mit dem Namen der Zeit bezeichnet man, wo man sich nur selbst versteht, das Etwas, das den Dingen die Möglichkeit gibt, so und anders zu sein, — das Etwas, das die Möglichkeit und Wirklichkeit der Veränderung trägt. Die Größe aber, welche die Existenz eines andern trägt, nennen wir nach früherer Definition die Ursache dieses andern. Also ist die Zeit die Ursache der Veränderung.

Die Zeit ist also damit, daß sie aphänomenal ist, noch nicht ein wesenloser Schemen geworden. Sie ist höchst reell, fällt aber in den Bezirk des Intelligiblen. Wir verstehen darunter die ungeheure Realität, welche alle Veränderungen wirklich und möglich macht. Die Zeit ist nicht empirisch gegeben, wird vielmehr aus der Bewegung der Phänomena erschlossen; so ist ja auch das Vorstellende (oder die Seele) nicht empirisch gegeben, wird aber aus den Vorstellungen erschlossen (vid. Kap. V).

Mit alledem, was wir bis jetzt von der Zeit erkannt, sind wir freilich nur vor die Pforte größerer Geheimnisse gelangt. Es steht vor uns die Frage, welches denn die Beziehung der Zeit zum Raum, und welches ihre Beziehung zur Gottheit sei. Ich sehe mich nicht veranlaßt, hier in der Freiheitsfrage das alles à fond zu erörtern. Drum nur das Allernötigste: Unter der Zeit, so sagten wir, verstehen wir eine intelligible Größe, welche als Ursache alle Veränderung, mithin alles Weltgeschehen trägt. Das Wesen aber, das alles Weltgeschehen trägt, führt sonst den Namen der Gottheit. Mithin meinen wir, recht besehen, mit dem Namen der Zeit und der Gottheit ein und dasselbe. Die Zeit (Chronos) ist nur ein profaner Name für den allwaltenden Gott.

Ganz unnötig, über diese Gleichsetzung das Haupt zu schütteln! Sind wir doch längst gewohnt, von der Zeit und der Gottheit gleiches zu prädizieren, z. B. „Die Zeit ist ewig“ und ebenso „Gott ist ewig“; „Alles geschieht in der Zeit“ und „In Gott leben, weben und sind wir“; „Die ewige Zeit macht alles möglich“ und „Bei Gott sind alle Dinge möglich“; „Die Zeit heilt alle Wunden“ und „Gott heilt alle Wunden“. Wozu sich nun skandalisieren, wenn diese übereinstimmenden Aussagen, die wir uns harmlos erlaubten, nunmehr auch wissenschaftlich gerechtfertigt erscheinen![1])

Damit ist denn erwiesen, daß wir berechtigt waren, in Kap. III von der ungeheuern Realität der Zeit zu reden. Der Wille erschien uns dort als das Vermögen, die Gefühle im Blick auf die Realität der Zeit zu disziplinieren. Wenn nun aber die ewige Zeit der Gottheit identisch ist, so tritt uns ja wohl im Zeit- oder Ewigkeitscharakter des Menschen, will sagen in seiner zeitüberspannenden Willenspotenz des Menschen gottähnliches Wesen entgegen. Gott ist die allmächtige Zeit und lenkt als solche das Universum. Und der Mensch ist als zeitüberspannendes Wesen, als Wille, ein Abglanz Gottes und beherrscht und lenkt als solcher das Universum seiner Gefühlswelt.

---

[1]) „Hat nicht mich zum Manne geschmiedet die allmächtige Zeit?“ sagt Goethe im Prometheus. Ganz recht! Sein Prometheus beugt sich dem wahrhaftigen, wirklichen Gott und sagt ab den falschen Göttern.

V. Die Seele und ihre Vorstellungen als Paradigma von Ursache und Wirkung. Die Weltelemente und das allumfassende Eine.

Ich habe in Kap. II (Abschn. 1) einen anspruchsvollen illegitimen Kausalitätsbegriff, in dessen Umarmung der Gedanke der Freiheit ersticken wollte, kritisch beleuchtet. Ein genügender Anlaß, den eigenen Kausalbegriff positiv darzulegen, lag dort nicht vor. Dagegen haben wir nun in Kap. IV einen Kausalbegriff verwertet, der bis dahin nicht gerechtfertigt wurde; die Fortsetzung und Beendigung der Untersuchung über die Freiheit würde vollends unmöglich, wenn wir nicht erst das Kausalproblem erledigt haben. Der Ort der Freiheit und die Art derselben müßte ohnedem unklar bleiben.

Knüpfen wir an das unter II, 1 Dargelegte an:

Der Laie und die populäre Naturforschung denken die einander sukzedierenden Phänomena kausal verknüpft.

Hume verhält sich dem gegenüber skeptisch. Kant, mit der Absicht, der Skepsis zu entgehen, verknüpft die Phänomena, deren kausale Beziehung empirisch nicht garantiert ist, durch einen sog. apriorischen Kausalbegriff.

Ich nun gehe dogmatisch (nicht dogmatisierend) über Humes Skepsis hinaus und erkläre, daß die kausale Beziehung zwischen den einander sukzedierenden Phänomenen nicht bloß problematisch, sondern definitiv ausgeschlossen sei. Ich erbringe den Beweis durch Analyse der Phänomena. Zur Sache:

1. Die Vorstellungen, deren Gesamtheit ich Vorstellungswelt nenne, sind nicht Vorstellungen schlechthin, sondern meine Vorstellungen. Es gibt wirklich keine Vorstellungen, die nur überhaupt Vorstellungen wären, ohne jemands Vorstellungen zu sein. Die Vorstellung besteht nicht ohne jemand, der sie hat, — besteht nicht ohne ein Vorstellendes. Die Analyse der Vorstellungen ergibt also zunächst, daß der Ort ihrer Wirklichkeit nicht im Vakuum, sondern in einem vorstellenden Etwas (einem vorstellenden Wesen) ist.

2. Dies Vorstellende kann nicht selbst wieder Vorstellung sein. Denn wäre das Vorstellende selbst auch Vorstellung, so müßte es nach Satz 1 selbst wieder jemandes Vorstellung sein und so weiter in infinitum. Und abgesehen von der Absurdität dieses unendlichen Regresses widerstreitet es der Natur einer Vorstellung, andere Vorstellungen in sich zu hegen. Eine Vorstellung, die Vorstellung einer andern Vorstellung wäre, ist Unsinn. Es bleibt also dabei: So gewiß die Vorstellungen nicht im Vakuum schweben sondern in einem vorstellenden Wesen, so gewiß ist dies vorstellende Wesen nicht selbst wieder Phänomen sondern der aphänomenale Ort, in welchem die Phänomena Wirklichkeit haben.

Diesen aphänomenalen Inhaber der Vorstellungen nenne ich Seele; dieselbe ist conditio sine qua non aller Vorstellungen. Durch Analyse der Vorstellungen ist dies aphänomenale Etwas, das ich Seele zu nennen beliebe, mindestens ebenso verbürgt, wie die Existenz irgend einer phänomenalen Tatsache.

3. Die Seele muß eine Einheit (Monas) sein. Beweis: Man mache die Annahme, daß zwei Vorstellungen *a* und *b* an zwei vorstellende Wesen oder Seelen α und β verteilt seien. Dann wird eben die Seele α Inhaberin von *a* und ohne Kenntnis von *b*, die Seele β Inhaberin von *b* und Nichtinhaberin von *a* sein. Man setze den weitern Fall, daß eine große Menge von *m* Vorstellungen an *n* Seelen verteilt seien, so wird jede der *n* Seelen ihre Partikel der *m* Vorstellungen haben, nicht aber alle übrigen. Es wird jede der *n* Seelen gerade ihre Phänomenalwelt besitzen und nicht eine andere.

Wohlan! Was ich meine Phänomenalwelt nenne, ist wirklich meine Phänomenalwelt; wie könnt ich sonst auch davon reden! Das aphänomenale Ich als Inhaber dieser meiner Phänomenalwelt kann nicht eine Vielheit von Seelen sein. Denn in diesem Fall hätte eben die erste Seele jener Vielheit (α) ihre bestimmte Partikel meiner Phänomenalwelt, die Seele β eine zweite Partikel u. s. w. Aber es wäre niemand, der die sämtlichen Phänomena als die seinigen fühlte und wüßte. Nun aber habe ich eben meine sämtlichen Vorstellungen, was bis zum Exzeß selbstverständlich ist. Also bin ich Einheit. Eine Vielheit von Seelen würde eine Vielheit von Phänomenalwelten involvieren. — Mithin: Die Analyse meiner Vorstellungswelt ergibt nach Fixierung des aphänomenalen Inhabers mit nicht geringerer Evidenz dessen Einheit. Eine monadische Seele hegt so oder so die ungeheure Vielheit meiner Phänomena in sich. Meine Seele muß eine solche sein, daß sie, unbeschadet ihrer Einheit, jener Vielheit der Phänomena Raum in sich bietet.

4. Welcher Art ist die Relation der Seele zu ihren Vorstellungen? Eine einfache Überlegung wird zeigen, daß die Seele ihre Vorstellungen nicht und nirgendwie rezipiert haben kann. Nämlich: die Annahme, daß meine Seele ihre Phänomena irgendwie rezipierte, würde involvieren, daß dieselben schon zuvor außer meiner Seele existiert haben. Nun aber ist, wie oben festgestellt, ein Phänomenon, das als solches abgelöst außer der Seele existierte, ein Ungedanke. Es kann also von Rezipieren der Phänomena keine Rede sein, weil eine Existenz derselben außer der Seele als noch nicht rezipierter unmöglich ist.

Wenn aber jemand sagen wollte, daß doch meine Phänomena zuvor außer meiner Seele als Zustände andrer Seelen existiert haben könnten, so wäre damit nichts geholfen. Die Sache wäre damit nur zurückgeschoben, indem nun die Anwesenheit der Phänomena in jenen andern Seelen ein ebenso großes Rätsel wäre wie die Anwesenheit in der meinen. Was noch schlimmer: es wäre undenkbar, ja unmöglich, daß die Phänomena von ihren ersten Inhabern sich ablösen und an meine Seele übergehen. Oder meint man, daß Vorstellungen von einer Seele an eine andere übergehen könnten, wie Wasser aus einem Gefäß in ein anderes fließt? Eitle Vergleichung! Als Vorstellung einer andern Seele ist sie als deren Zustand unlösbar mit ihr verknüpft. Dieser Zustand kann sich nicht ablösen, kann nicht durch das Vakuum hinüberschweben und mein Zustand werden. Kurz, die Natur eines Phänomens schließt die Möglichkeit des Übergehens aus.

Wie nun? Ich urteile: Kann meine Seele ihre Phänomena schlechterdings nicht anderswoher rezipiert haben, und hat sie dieselben dennoch, woran füglich nicht zu zweifeln ist, so muß sie in sich selber die Mittel und Kräfte haben, in den Besitz der Phänomena zu gelangen, d. h. sie muß dieselben produziert haben. Die Seele selbst muß die gebärende Mutter all ihrer Phänomena sein. Produziert aber die Seele ihre Vorstellungen, was sie ganz gewiß mußte, weil es keine Möglichkeit gab, dieselben zu empfangen, so ist damit zwischen der Seele und ihren Vorstellungen das Verhältnis der Ursache zu den Wirkungen gesetzt. Denn eben dies ist nach früherer Definition das Verhältnis der Ursache zu der Wirkung, daß die Ursache die Wirkung trägt, ihr zum Dasein verhilft.

Damit haben wir nun ein ordentliches Paradigma für Ursache und Wirkung. Der Begriff von Ursache und Wirkung war uns längst klar; aber wir zweifelten mit Hume, ob in aller Sukzession der Phänomena etwas dem Begriff Entsprechendes vorliege. Nunmehr wissen wir, daß der Fall vorliegt zwischen der Seele und all ihren Vorstellungen; die Wirklichkeit der Vorstellungen ruht durchaus auf der Seele. Also sind die Vorstellungen Wirkungen der Seele, die Seele Ursache ihrer Vorstellungen.

Damit aber sind wir nun ohne weiteres in der Lage, über Hume, dem das Kausalverhältnis zwischen den sukzedierenden Phänomenen problematisch schien, dogmatisch hinauszuschreiten. Wir dürfen und müssen jetzt sagen, das Kausalverhältnis liege zwischen den sukzedierenden Phänomenen zuverlässig nirgends vor. Die Begründung: Man wähle eine beliebige Reihe von Phänomenen *a*, *b*, *c* ...... *n*. Nun habe ich erkannt, daß jedes Glied dieser Reihe die aphänomenale Seele zur Ursache hat und ohne dieselbe nicht existieren würde; die Seele trägt sie alle. Welchen Sinn soll es nun haben, in dem Phänomen *a* die Ursache des *b* in *b* die Ursache des *c* zu vermuten u. s. w., wenn doch *a* und *b* und *c* und jedes Glied der Reihe durch die Seele hinlänglich verursacht und getragen ist? Es kann doch ein Phänomen, das hinlänglich verursacht ist, nicht nochmals verursacht werden. Die Seele produziert jedes Glied der Phänomenalreihe; also ist es ganz ausgeschlossen, daß jedes Glied der Reihe das nächste erzeuge, und die Annahme, daß zwischen den sukzedierenden Phänomenen das Kausalverhältnis vorliege, fällt definitiv aus Abschied und Traktanden.

Nur als „indirekte Mitproduzenten“ können die Phänomena anerkannt werden, nämlich so: Das Phänomen *a* der Seele ψ hat zwar nicht die Aufgabe und nicht die Kompetenz, das Phänomen *b* zu produzieren (das kommt nur der Seele zu); aber das *a* als Zustand der Seele mag sehr wohl den Impuls, ja die Nötigung für die Seele enthalten, im nächsten Augenblick das Phänomen *b* zu produzieren (und nicht ein anderes); und das Phänomen *b* als Zustand der Seele mag wieder den Impuls, ja allenfalls die Nötigung für die Seele enthalten, im nächsten Augenblick das Phänomen *c* (und nicht *q*) zu produzieren. Das ist eine plausible Vorstellung: Die Seele erzeugt zwar alle Vorstellungen; aber ihre bisherigen Vorstellungen (d. i. Zustände) und die darin beschlossene Lust und Unlust wird ihr zum Anreiz und vielleicht zur Nötigung, diese und diese Vorstellung hervorzubringen. — Man darf nicht fürchten, daß die einzelnen Augenblicke meiner Phänomenalwelt, wenn deren kausale Beziehung verneint ist, nun band- und gesetzlos auseinanderfallen. Dieselben bleiben mit stählernen Fesseln einander verbunden, nur nicht direkt derart, daß einer den andern hervorbrächte, sondern indirekt so, daß jeder die Offenbarung der einen gemeinsamen Ursache, der Seele, ist; es ist nicht der einzelne phänomenale Augenblick Erzeuger des nächsten, sie sind alle Söhne der nämlichen Mutter, so doch, daß diese bei Erzeugung jedes ihrer Kinder durch ihre vorausgehenden Kinder bedingt resp. bestimmt ist.

Mit dieser Darlegung ist immer nur ein Zipfel des Ursachenreichs aufgehellt, viel zu wenig, als daß wir inmitten der Ursachen den Ort der Freiheit umgrenzen und ihre Art bestimmen könnten. Tun wir das Übrige:

Ich habe gesagt, daß meine Seele ihre ganze Phänomenalwelt hervorbringe. Ich habe nicht gesagt, daß sie es als solitäres Wesen tue. Man verstehe: Ich weiß und werde nie wieder daran zweifeln, daß an den Phänomenen nichts Rezipiertes ist, daß die Seele all ihre Phänomena nach Form und Inhalt durchaus kreiert hat.[1]) Aber offen bleibt soweit die doppelte Möglichkeit, daß die Seele als solitäres Wesen jenen kreatorischen Akt vollendet, oder aber, daß sie im Kontakt mit andern intelligiblen Wesen und unter dem Druck derselben zu ihrem Akt veranlaßt und genötigt wird. Daß die Seele ihre Phänomenalwelt produziert, ist schlechthin gewiß; die Frage ist bloß, ob sie es als sola ipsissima tut, oder ob sie durch intelligible Beziehungen zu einem Reich andrer Wesen zu ihrer Produktion (ihrem Schöpferakt) gereizt wird.

Wie stehts? Werd ich am Ende im Solipsismus stecken bleiben? oder muß ich einen Versuch machen, denselben glaubend zu überwinden? Weg mit der Abgeschmacktheit! Eine redliche wissenschaftliche Analyse meiner Vorstellungswelt führt mich aus dem Solipsismus hinaus. Wie ist das möglich?

Alles, was ich im Universum meiner Phänomena antreffe, ist ja von meiner Seele hervorgebracht, und so scheint es zunächst, daß kein Punkt da sein könne, der über mich hinausführt. Und dennoch! Ich treffe in meiner Phänomenalwelt Stücke, die als originale Taten meiner Seele schlechterdings nicht zu deuten sind, — Stücke, die andre Seelen voraussetzen, — Stücke, die in meinem Geist nur als Nachklänge, als Reproduktionen fremder Geistestaten verständlich sind.

---

[1]) Die Kantische Theorie, wonach ich die Materie meiner Vorstellungen rezipiert habe, dagegen die Formen der Anschauung und des Denkens a priori herzubringe, ist unter allen unglücklichen Positionen der Kantischen Philosophie wenn möglich die unglücklichste. Meine positiven Darlegungen dürfen diesfalls als Kritik gelten.

Zum Beispiel: ich finde in meinem Geist eine Reihe von genialen Urteilen, die mit Koperniks, Keplers, Newtons Namen verknüpft sind. Sind all diese Urteile meine eigene originale Geistestat, wie es doch sein müßte, wenn es etwa außer mir keine andern Geister gibt? Unmöglich! Denn ich finde in meiner Seele kein Vermögen zu solchen Taten; ich weiß mich unfähig, etwas jenen wunderbaren Urteilen Ähnliches hervorzubringen. Wenn nun jene Urteile dennoch in meiner Seele sind, so können sie darin nur sein als Reproduktionen der Taten anderer Geister. Was sie entdeckt, hab ich nachgedacht; was sie produziert, habe ich reproduziert. — Andres Beispiel: Ich weiß mich des gewissesten unfähig, ein erträgliches Lied hervorzubringen. Und dennoch klingt in meiner Seele eine Menge lyrischer Ergüsse, z. B. Goethes Lieder. Hab' ich diese meinen mir wohlbewußten Grenzen gemäß original nicht hervorbringen können, so müssen sie in meiner Seele sein als Nachklänge der Taten andrer Geister. Es gibt also — meine Phänomenalwelt beweist es — andre menschliche Geister; damit ist der Solipsismus überwunden.

Nachdem das Eis gebrochen, könnte ich nun fortfahren, meine Phänomenalwelt zu analysieren und ebenso den wissenschaftlichen Beweis erbringen, daß die Annahme andrer Menschenseelen nicht genügt — daß das Phänomen meiner Leiblichkeit und zumal meiner Sinneswerkzeuge, daß der Wechsel der Erscheinungen, daß Sonne, Mond und Sterne und alle von Natur- und Geschichtswissenschaft beschriebenen Phänomena der Interpretation auf reine „Phänomenalität" spotten. Ich könnte zeigen, daß in all diesen Phänomen ein ungeheures

Reich intelligibler Wesen und zwar meiner Seele verwandter Monaden, mit denen meine Seele so oder so in Kontakt steht, offenbar wird. Aber: Est modus in rebus, sunt certi denique fines. Eine Abhandlung über die Willensfreiheit kann nicht die ganze Metaphysik geben. So nehme ich denn den Satz, daß meine Seele mit einem Reich intelligibler Wesen in Kontakt (resp. Wechselwirkung) steht und unter dem Druck ihrer Beziehungen zu jenem Monadenreich die ihr eigentümliche Phänomenalwelt produziert, als Lehnsatz aus meiner anderweitigen Metaphysik herüber.

Ebenso nehme ich es als Lehnsatz herüber, daß meine Seele und die andern Monaden, um in Wechselwirkung stehen zu können, in einem allumfassenden realen Wesen beschlossen sein müssen. „Nur wenn sie trotz ihrer relativen Sonderexistenz doch zugleich Teile einer einzigen, sie alle umfassenden, sie innerlich in sich hegenden unendlichen Substanz sind, ist ihre Wechselwirkung aufeinander, oder was wir so nennen, möglich.“ [1]) Abgesehen von dem vergilbten und irreführenden Ausdruck Substanz akzeptiere ich die Lotzesche Formulierung.

Nicht als Lehnsatz sondern auf Grund des Entlehnten als Erkenntnissatz stelle ich endlich folgendes hin: Wenn ein allumfassendes Wesen alle sog. Weltelemente oder Monaden in sich hegt, deren Wechselwirken und damit alles auf der Wechselwirkung ruhende Weltgeschehen möglich macht, so erhellt, daß all die sog. Weltelemente originaliter in jenem allumfassenden Einen ruhen müssen. Denn wären die „Elemente“

---

[1]) Lotze, Mikrokosmus 3. Aufl. III, 486.

etwas dem Einen ursprünglich Fremdes, so ließe sich nicht absehen, wie dasselbe jemals Wechselwirkung zwischen denselben hätte stiften können. Es müssen die Elemente original in dem Einen ruhen, ohne daß wir uns unterfangen, den Modus dieses Ruhens und überhaupt die Beziehung des Einen zu den vielen anschaulich zu beschreiben. Die lallende Kindheitsprache der Menschheit hat das Unaussprechliche dahin formuliert, das Eine habe die vielen, Gott habe die Welt geschaffen.

Genug! Nur dies stelle ich zum Schluß noch ausdrücklich fest: Das Verhältnis der Seele zu den Phänomenen wurde als das der Ursache zu den Wirkungen beschrieben. Dagegen sehen wir uns nicht genötigt, das Verhältnis des Einen zu den Weltelementen als das nämliche zu bestimmen. Die vielen ruhen so oder so ursprünglich in dem Einen; aber ein neues Paradigma des Kausalbegriffs trat dabei nicht in Sicht.

VI. Der Ort der Freiheit und die Art derselben.

Nach den Darlegungen des V. Kapitels sind wir nun im stande, der Freiheit ihren Ort anzuweisen:

Sie ist zweifellos nicht im Bereich der Vorstellungswelt zu finden. Denn die Vorstellungswelt stellte sich dar als Wirkung der Seele; Wirkungen aber haben keine Freiheit, zu sein oder nicht zu sein, so oder anders zu sein; sie sind durch die Ursachen durchaus bestimmt, Wirkung sein heißt determiniert sein. Es ist also die Vorstellungswelt in jedem Fall ein Reich der Determination; sie ist durch die wie immer beschaffenen Ursachen schlechthin genötigt, gerade so zu sein, wie sie ist. Es ist mithin ganz ausgeschlossen, daß wir in unsern Vorstellungen und Gefühlen oder auch in den Handlungen, die ja auch phänomenal sind, irgend etwas antreffen sollten, was nicht determiniert wäre.

Also ist die Freiheit, wenn überhaupt, dann nur im Reich der Ursachen (der intelligiblen Größen) zu finden. Hier wollen wir sie suchen, trotz Fechner, der höhnt, die im Reich der Erfahrung bedrängte Freiheit brauche sich nur ins intelligible Gebiet zu flüchten, wo niemand nachkommen könne; und das sei die Hauptsache.[1]) Wir brauchen diesen Hohn nicht zu fürchten; denn in unser intelligibles Gebiet kann jeder nachkommen; es führt der legitime Kausalbegriff hinüber, während derselbe bei Kant auf das Phänomenalreich beschränkt war, sodaß bei ihm völlig dunkel blieb, wie wir ins Reich der intellgiblen Größen gelangen und von da zu den Phänomenen wiederkehren möchten.

Und wie stehts nun mit der Freiheit in unserm intelligiblen Ursachenreich? Daß jede Wirkung (jedes Phänomenon) ihre Ursache haben muß und durch dieselbe determiniert ist, sehen wir ein. Daß aber die Ursache (die Seele) ihrerseits wieder Wirkung sei, also auch determiniert sein müsse, haben wir schon unter II, 1 als eine völlig rechtlose Anwendung der Kategorie der Kausalität (resp. Wirkung) abgewiesen. Jede Wirkung muß freilich ihre Ursache haben; wer aber sagt, jedes Ding (also auch jede Ursache) muß eine Ursache haben, exzediert aus dem Kreis des legitimen Denkens.

Aber, so hält man mir entgegen, dem allumfassenden Einen oder der Gottheit gegenüber müsse doch selbstverständlich auch des Menschen Seele wieder Wirkung sein. Der Gottheit gegenüber werde jeder Anspruch der Seele, Ur-Sache (ἀρχή) und damit frei zu sein, illusorisch. Es könne mithin Freiheit im Reich der Seelen ebensowenig gefunden werden wie im Reich der Phänomena. Der im Kap. III dargelegte Beweis der Freiheit müsse irgendwo einen Fehler haben.

---

[1]) a. a. O. S. 176.

Gemach, gemach! Ich weiß es wohl, daß man die Kategorie von Ursache und Wirkung von alters her auf das Verhältnis der Gottheit zur gesamten Kreatur angewendet und damit mit der Miene der Selbstverständlichkeit alle Freiheitsansprüche des Menschen ausgelöscht hat. Alle Kreatur, so tönt es, ist im Verhältnis zu Gott Wirkung; Wirkungsein aber heißt determiniert sein. Von den Tagen der Stoa bis zum Apostel Paulus (Röm. 9), von Paulus bis Augustin, von Augustin bis Luther, Zwingli, Calvin, von der Reformation bis ins 19. Jahrhundert hat jenes Räsonnement in verschiedenen Formen sich geltend gemacht, angeblich in majorem Dei gloriam, damit keine Kreatur sich rühmen könne, und alles Verdienst unserer Errettung Gott allein zukomme.

Aber ich erlaube mir nun nach der Begründung jener Anwendung des Kausalbegriffs zu fragen. Haben sich die deterministischen Theologen rein durch empirische Tatsachen leiten lassen? Nicht daß ich wüßte. Es war immer ein harter Apriorismus, kraft dessen man behauptete, daß das Verhältnis des Menschen zur Gottheit das der Wirkung zur Ursache sein müsse. Soll etwa nun unser in Kap. III. dargelegter Erfahrungsbeweis der Freiheit vor jenem Apriorismus abdanken? Ich denke nicht. Statt dem aprioristischen Verfahren wird auch in dieser Sache einzig das empiristische Verfahren gelten. Hat unser redliches empiristisches Bemühen zu der Einsicht geführt, daß in der Seele des Menschen ein Funke von Freiheit (von wirklicher Kausalität) sich offenbare, so wird kein aprioristisches Theologumenon über das Verhältnis des Menschen zur Gottheit unsere Erfahrungserkenntnis annullieren können. Vielmehr werden wir dann umgekehrt von dem gegebenen Erfahrungssatz aus das noch nicht Gegebene, d. i. das Verhältnis des Menschen zur Gottheit, aufzuhellen suchen.

Diesfalls argumentiere ich nun folgendermaßen: Wenn die Seelen, wie in Kap. III bewiesen, nicht im Begriff der Wirkung aufgehen, wenn ihnen vielmehr mindestens ein Funke wahrer Kausalität zukommt, so muß eben die Gottheit, in der nach unserer anderweitigen Einsicht die Seelen beschlossen sind, die überschwengliche Kraft haben, Seelen zu zeugen nach ihrer Ähnlichkeit mit einem Abglanz ihrer göttlichen Kausalität. Denn ab esse ad posse valet consequentia. Was wirklich ist, mußte möglich sein.

Warum sich im Namen eines steifnackigen Apriorismus dagegen sträuben? Wenn der Allmächtige die überschwengliche Kraft hat, Seelen ins Dasein zu rufen und ihnen einen Abglanz seiner ewigen Macht und Gottheit (d. i. wirkliche Kausalität) als Mitgift ins Dasein mitzugeben, was geht es dich an? Woher das Recht zu deinem Veto? Woher nimmst du, woher nehmen die deterministischen Theologen allzumal die Legitimation der Behauptung, daß der Allmächtige nur determinierte Größen, nur Maschinen schaffen könne?

Beiläufig gebe ich diesen Theologen auch zu bedenken, daß ein paar von jenen, denen die Schuhriemen aufzulösen wir nicht wert sind, das Verhältnis der Gottheit zum Menschen in der Formel des Kausalverhältnisses nicht zu erschöpfen glaubten, sondern so oder so die Kategorie der Ähnlichkeit zu Hilfe nahmen. Sie wagten die Behauptung, daß der Mensch göttlichen Geschlechts sei. „Du ließest ihn nur wenig hinter Gott zurückstehen und hast ihn mit Ehre und Hoheit umgeben", jubelt ein Psalmist. Mit dem größten Nachdruck betonen biblische Schriftsteller immer wieder, daß Heil und Unheil nicht wie ein Verhängnis über uns kommen, daß es vielmehr in des Menschen Hand gelegt ist, das eine oder das andere zu ergreifen resp. zu wählen. Und wenn an zwei oder drei Stellen der hl. Schrift der Versuch gemacht wird, das Verhältnis Gottes zur Menschheit mit dem Verhältnis des Töpfers zum Ton zu illustrieren, so wird dafür an zwanzig und mehr Stellen das Verhältnis nach der Kategorie der Ähnlichkeit als das des Vaters zu den wesensverwandten Söhnen bestimmt. In einem der grandiosesten Sprüche, die je in Menschensprache geprägt worden sind, befiehlt uns Jesus, daß wir nach der Ähnlichkeit dessen, der seine Sonne aufgehen läßt über Bösen und Guten und regnen läßt über Gerechten und Ungerechten, Liebe üben und vollkommen sein sollen, wie der Vater im Himmel vollkommen ist. Diese Forderung ist doch nur möglich, wenn er dem Menschen Wesen von Gottes Wesen, Kausalität nach der Ähnlichkeit der göttlichen zuschreibt. Die gleiche Tonart hat das herrliche Wort Math. 5, 9: „Wohl denen, die Heil schaffen;[1]) denn sie werden Gottes

[1]) Das Wort εἰρηνοποιοί ist eine alte crux interpretum. Ich beseitige dieselbe, indem ich zunächst getreulich ins Hebräische zurückübersetze אַשְׁרֵי עֹשֵׂי שָׁלוֹם u. s. w. Das aber heißt nun, ins Deutsche übertragen, nach dem Vollbegriff von שָׁלוֹם „Wohl denen, die Heil schaffen, denn sie werden Gottes Söhne heißen." Gott ist der Heilschaffende (Jes. 45, 7); Heiland, das ist sein Name von alters her. Die Menschen aber, welche in seinem Geiste als συνεργοὶ θεοῦ (I. Kor. 3,9) Heil schaffen auf Erden, indem sie Arme speisen und kleiden, Gefangene besuchen, Traurige trösten, Strauchelnde aufrichten,

Söhne heißen." Und sie werden es nicht bloß heißen; sie sind es auch. So haben die Größten, von keiner Kausalformel gehemmt, den Menschen nach der Ähnlichkeit Gottes gedacht.

Den Theologen, die sich trotz alledem dem Gedanken, daß dem Menschen ein Fünklein Freiheit gegenüber Gott zukommen könne, nur schwer öffnen können, gebe ich zur Erleichterung folgendes Analogon: Du weißt, wie ein denkender Mensch eine komplizierte Maschine zu konstruieren vermag. Du kannst dir einen Menschen denken, der gar einen menschlichen Automaten fertig brächte. Du kannst dir weiter einen über alles Menschenkönnen hinausragenden Künstler denken, der einen Automaten mit Atmung, Herzschlag, Blutzirkulation, Mienenspiel fertig brächte. Aber eins, so wirst du sagen, wird jener Künstler, auch wenn ich sein Können millionenfach erhöht denke, nie vermögen: er wird dem Automaten nie Ichbewußtsein einflößen können.

Und nun, mein lieber deterministischer Theologe, besieh dir die Wirklichkeit: Gott, der ein Geist ist, hat Wesen mit Ichbewußtsein, d. i. mit einem Funken seines Wesens, ins Dasein gerufen. Gott hatte also die überschwengliche Kraft dazu.

Nach den Regeln deines in der Freiheitsfrage angewandten Denkens müßtest du diese Möglichkeit leugnen

---

Sünder auf den rechten Weg führen, Beleidigungen vergeben, Frieden stiften u. s. w., sind damit Gott ähnlich und werden darum, ihrem Wesen entsprechend, Gottes Söhne heißen. Der Begriff des Friedenstiftens ist damit nicht eliminiert; aber er ist zu einem bloßen Teil eines viel mächtigeren Begriffs geworden. Hat Jesus im vorausgehenden Makarismus die lautere Gesinnung verlangt, so hier die gute Tat, das Wirken nach der Ähnlichkeit Gottes.

und sagen: so etwas kann nicht sein, und weil's nicht sein kann, so ist es nicht. Und nun ists dennoch. Die schnöde harte Wirklichkeit will es so. Das Ichbewußtsein der Menschen zu leugnen, geht doch nicht wohl an. Merke doch, daß in der Bewußtseins- und in der Freiheitsfrage die Sache genau gleich liegt: Die Erfahrung zeigt uns ein „kreatürliches" Geisterreich. Also war es dem allumfassenden Wesen möglich, solche selbstbewußten Kreaturen mit einem Funken seines Wesens ins Dasein zu rufen. Die Erfahrung zeigt uns ebenso, wie in Kap. III dargelegt wurde, daß der Kreatur resp. dem Menschen ein gewisses Maß von Freiheit zukommt. Also muß wohl die Gottheit die Macht gehabt haben, wollenden Wesen, die einen Funken wirklicher Kausalität haben, das Dasein zu geben.

Und dabei bleiben wir nun: Weit entfernt, durch eine aprioristische Theorie über das Verhältnis der Gottheit zur Kreatur unsere in Kap. III. gewonnene Erfahrungserkenntnis auslöschen zu lassen, haben wir von unserer Erkenntnis aus jenen Apriorismus verworfen und das Verhältnis der Kreatur zur Gottheit neu gedeutet, so gedeutet, daß die Erfahrungstatsachen dabei bestehen können.

Und solches schlägt gewiß nicht in minorem Dei gloriam aus. Jene Theologen, welche alle Freiheit des Menschen Gott gegenüber in maiorem Dei gloriam glaubten bestreiten zu müssen, haben einiges übersehen: Indem sie den Menschen durch Gott schlechthin determiniert erklären, behaupten sie doch, daß Gott immer nur Maschinen machen, aber niemals Söhne mit einem Funken seiner Ähnlichkeit zeugen könne; solche Lehre aber dient schwerlich zur Ehre Gottes. Sodann: Indem sie angeblich zur Ehre Gottes den Geretteten allen Ruhm abschneiden und alles Heil schlechthin auf Gott zurückführen, führen sie doch ebenso das Unheil rein auf Gott zurück. Das decretum horribile einer partiellen Reprobation, das von ihrer Lehre unzertrennlich ist, macht Gott für normale Gemüter zu einem Gegenstand des Grauens und gereicht schwerlich in maiorem Dei gloriam. Man überlege doch: Wenn wir, wie nach Wegfall unserer Freiheit unvermeidlich ist, rein durch Gottes Determination durch dieses Lebens Angst und Not hindurchgequetscht werden, — wenn wir das Gefühl der Verantwortlichkeit mit uns schleppen müssen, ohne je wirklich etwas tun zu können, von Gewissensbissen gequält werden, ohne je etwas verschuldet zu haben, — wenn die Kinder der Erwählung an der unzerbrechlichen Kette der Notwendigkeit zum Gastmahl des ewigen Lebens geschleppt werden, und die Verworfenen an ebenso unzerbrechlicher Kette an den Ort der Qual, so ist schwer abzusehen, wie aus solcher Erkenntnis das Lob des Allgegenwärtigen hervorbrechen und die Erde erfüllen soll. Es wird bei unsrer andern Ansicht für Gottes Ehre wahrlich mehr herauskommen.

So bleiben wir denn nach Erledigung des von den deterministischen Theologen vorgebrachten Einwandes dabei, daß im Reich des Intelligiblen resp. der Seelen wirklich ein Ort der Freiheit ist. Meiner Seele kommt Freiheit zu.

Ich habe damit noch nicht gesagt, daß die menschliche Seele in jeder Beziehung frei sei; und ich werde es auch in der Folge nicht sagen. Ein Bild: Man kann sich leicht einen Körper denken, der sich nur in einer Richtlinie bewegen kann, während ihm durch mechanische Vorrichtungen die Bewegung in jeder andern Richtung verwehrt ist. So ist es auch eine plausible Vorstellung, daß der Mensch als Geschöpf in 99 Richtungen resp. Beziehungen gebunden ist, während ihm in der hundertsten Richtung oder Beziehung Freiheit zukommt. Wir haben an Hand der Erfahrung jetzt die wirkliche Freiheit des Menschen zu umschreiben und abzugrenzen.

Worin besteht die Freiheit nicht? Nicht darin, daß ich von der Beziehung, in der meine Seele zu andern intelligiblen Wesen steht, absehen könnte. Es liegt ganz bestimmt außer der Kraft meines Willens, die Beziehung zu diesen andern Wesen abzuschneiden, womit die Möglichkeit, diese Beziehung von Augenblick zu Augenblick zu modifizieren, noch nicht verneint ist.

Meine Freiheit besteht auch nicht darin, daß ich von dem im Mutterleib empfangenen physisch-psychischen Erbe oder von den Einflüssen der Erziehung, der Natur, der Kultur, des Milieu überhaupt absehen könnte. Das sind gegebene Größen, womit die Möglichkeit, auf verschiedene Weise zu denselben Stellung zu nehmen, noch nicht verneint ist.

Meine Freiheit besteht auch nicht darin, daß ich jemals von meinen eigenen früheren Taten abstrahieren könnte; die haben sich für mich angesammelt zu einem nicht abzulehnenden zinstragenden Kapital, dem gegenüber alle pelagianischen Freiheitsgedanken eitel sind. Was ich getan, geht mit mir und kann weder mit Wasser noch mit Blut weggewaschen werden. Dies Kapital meiner Taten ist gegeben, womit indes die Möglichkeit, so oder so dazu Stellung zu nehmen, noch nicht ausgeschlossen ist.

Es ist auch nicht Sache meiner Freiheit, daß ich von der Wegleitung durch Güter und Übel, Lust und Unlust abstrahieren könnte. Ein fühlendes Wesen, wie ich bin, ist und bleibt an den Eudämonismus gebunden.

Es ist auch nicht Sache meiner Freiheit, die Gefühlsbegleitung all der von mir produzierten Vorstellungen zu ändern. Es hängt ganz unabhängig von meinem Belieben an jeder meiner Vorstellungen ein gewisses Maß von Lust oder Unlust.

Worin denn endlich besteht meine Freiheit? Darin doch, wie in Kap. III ausgeführt wurde, daß ich von den Gefühlen der jeweiligen Gegenwart nicht für den nächsten Augenblick im Handeln bestimmt zu werden brauche, daß ich vielmehr zeitüberspannend ad interim den Schmerz wählen und im Blick auf zukünftige größere Güter handeln kann.

Das ist an seinem Ort erledigt worden; nicht nötig, weiter darauf einzugehen. Ich erwähne es hier bloß, um nunmehr das andere festzulegen, daß ich eben damit jenen andern Faktoren, Erbe, Natur, Erziehung, Milieu gegenüber relativ frei bin. Wie das? Sehr einfach: All jene Faktoren beeinflussen von Augenblick zu Augenblick meine Seele resp. ihre Vorstellungen, also auch meine Lust- und Schmerzgefühle, die unvermeidliche Begleiterscheinungen meiner Vorstellungen sind. Wenn ich nun diesen Gefühlen gegenüber relativ frei bin, so bin ich eben jenen Faktoren gegenüber relativ frei. z. B.: Infolge meiner physisch-psychischen Anlage, infolge meiner Erziehung, infolge Milieu, Lebenslage, oder einer Kombination all dieser Faktoren kommt meiner Seele im gegenwärtigen Augenblick der Wert des Reichtums zum Bewußtsein. Weil mir dieser Reichtum fehlt, legt sich über meine Seele die Stimmung des Goetheschen Schatzgräbers: „Armut ist die größte Plage, Reichtum ist das höchste Gut“. Und dies mächtige Gefühl reizt mich zu einer ungereimten Handlung. Wenn ich nun, wie in Kap. III dargelegt wurde, dem verlockenden Augenblicksimpuls gegenüber relativ frei bin, wenn ich im Blick auf größere zukünftige resp. ewige Güter die Lust und das Leid des Augenblicks besiegen kann, so bin ich damit allen jenen Faktoren gegenüber relativ frei. Ich kann von jenen Faktoren nicht abstrahieren; sie gehen mit mir. Aber es erhellt, daß ich, den Motiven gegenüber frei, ihnen allen gegenüber relativ frei bin. Dieselben gehen wohl mit mir; aber ich brauche deshalb noch nicht von ihnen erdrückt zu werden. Mit dem Bruch des Motivzwangs, den wir Kap. III theoretisch vollzogen, ist im Grund jede Kette gebrochen. Denn alles kommt für mich schließlich nur in Betracht, sofern es, meine Seele zur Produktion von Vorstellungen und Gefühlen veranlassend, mir Motiv wird. Hab ich die Fähigkeit, die Gefühle im Blick auf Zeit und Ewigkeit zu disziplinieren, bin ich also den Motiven gegenüber relativ frei, so bin ich allem gegenüber relativ frei.

Ja, hier tritt nun sogar die Möglichkeit in Sicht, daß ich, weit entfernt durch jene wiederholt aufgezählten Faktoren rein leidentlich bestimmt zu werden, dieselben zu modifizieren vermag. Man überlege:

Jede meiner Handlungen greift doch in mein Leben ein und verändert es, seis auch nur um eine minimale Größe; jede meiner Handlungen krystallisiert als Differential zum Integral meiner bisherigen Gesamtverfassung hinzu und ändert sie. Stehe ich nun nicht unter Motivzwang, sondern discipliniere meine Vorstellungen und handle frei, so greife ich ja freihandelnd in mein Leben ein und modifiziere freihandelnd das Integral meiner bisherigen Verfassung. Anders gesagt: All jene oft genannten Faktoren, weit entfernt, mich leidentlich zu bestimmen, werden durch mich modifiziert; sie werden mir zu einem Material, das ich bearbeiten kann (und vielleicht soll). Was in unsrer polemischen Auseinandersetzung mit dem Determinismus in Kap. II (Abschnitt 2) uns als denkbar entgegentrat, daß all jene Faktoren (Erbe, Natur, Milieu, eigene Taten) ein Material seien, das ich bearbeiten kann, ist uns wirklich und gewiß geworden.

Wir haben damit die Freiheit noch nicht hinlänglich beschrieben und umgrenzt. Wohl ist uns evident geworden, daß ich das ganze Material, welches zur Zeit mein Leben und Wesen konstituiert, durch Taten eines dem Motivzwang nicht unterworfenen Willens einigermaßen zu gestalten vermag. Die Frage ist jetzt, in welchem Maß ich solches vermag. Zunächst gilt die Antwort: Mein freier Wille, dem die Totalität meines Wesens als zu gestaltendes Material gegenübersteht, ist jedenfalls nicht eine unendliche Kraft. Ich kann nicht von einem Augenblick zum andern mein ganzes Wesen umkehren. Was kann ich denn? Suchen wir das mit einem Bild zu veranschaulichen: Ein großer Körper *a*, der viele Bewegungsimpulse empfangen hat, bewegt sich im gegenwärtigen Augenblick mit der Schnelligkeit und in der Richtung, die das Parallelogramm der Kräfte ihm vorschreibt. Diesem Körper gleicht mein von so vielen Faktoren abhängiges Wesen. Ein kleiner Körper *b* kann durch Attraktion den großen Körper *a* von seiner Richtung ablenken; er kann ihn auch in seiner Richtung beschleunigen oder verlangsamen. So mag auch die kleine Potenz meines freien Willens die ungeheure Wucht meines im Laufe der Jahre gewordenen Wesens, meine physisch-psychisch-moralische vis inertiae leise beeinflussen und mag mich, mit Beharrlichkeit Kleines zu Kleinem fügend, von meiner bisherigen Richtung völlig ablenken, beschleunigen oder verlangsamen. Mag das Bild im übrigen noch so unbrauchbar sein, auf einem Punkte wenigstens sind Bild und Abgebildetes völlig analog: jeder neue Bewegungsimpuls, den der Körper *a* von *b* erfährt, krystallisiert zur bisherigen Bewegung von *a* hinzu; und genau so krystallisiert jede freie Tat, die ich vollbrachte, als bleibender Faktor zu meinem bisherigen Wesen hinzu. Und das ist der furchtbare Ernst des Wollens, daß jede Willenstat alsbald wieder zu einem bleibenden (determinierenden) Faktor wird, daß sie zum Kapital der Faktoren, die mein Wesen konstituieren, hinzukrystallisiert. Die freie Tat stellt einen Anfang dar; es ist sozusagen ein neuer Faden, der aber, wenn er einmal angesponnen ist, sich als nie endender durch das Gewebe meines Lebens hindurchzieht. All unsre Taten haben ewige Folgen; und so atmet all unser Leben den furchtbaren Ernst der Ewigkeit.

Der Gedanke „Ich bin frei“ darf uns also keineswegs leichtsinnig machen. Wer da wähnt, daß er sich beliebige Zeit den Lustmotiven überlassen dürfe, weil es ja jederzeit in seiner Gewalt stehe, sich kraft des „freien Willens“ denselben zu entziehen und sub specie aeternitatis zu handeln, ist von pelagianischer Torheit befangen. Die Art, wie er sich in jedem gegebenen Augenblick verhält, wirkt eben als ein ewiges Element fort; und er kann sich durch fortgesetzte Untreue des Wollens eine Vergangenheit schaffen, die ihn an allen Gliedern hemmt und ihm sozusagen die Kehle einschnürt. Fest steht ja doch folgende Tatsache: Wer im Augenblick *a* im Blick auf ein zukünftiges wertvolles Gut einer sinnlichen Neigung widersteht, hat im nächsten Augenblick eine etwas größere Willenskraft; er ist besser in der nämlichen Richtung disponiert. Und wenn er nun im zweiten Augenblick Kapital samt Zinsen in treuer Willensbetätigung verwertet, so wird ihm der Augenblick eine abermalige Stärkung in der nämlichen Richtung bringen u. s. w., bis ihm das Handeln in dieser Richtung zur festen Gewohnheit, zur andern Natur wird. Wenn ich dagegen im Augenblick *a* einer Lust oder Unlust nicht widerstand, bin ich im Augenblick *b* nicht der gleiche, der ich im Angenblick *a* war, sondern ein schwächerer; und wenn ich abermals mich gehen lasse, wird meine Willensschwäche in dieser Richtung progressiv zunehmen, eventuell bis zu völliger Knechtschaft.

Diese ernste Tatsache wird durch unsre Freiheitslehre nicht negiert, sondern besteht neben und mit derselben. Unsre Freiheit ist eine solche, die das

Werden fester Gewohnheiten des Handelns (des guten und des schlechten Charakters) nicht aus- sondern einschließt. Ja, der Charakter, der gute oder der schlechte, der energische Wille und die Willenserweichung stellen sich als Früchte (als Lohn resp. als Strafe) meiner freien Willensbetätigung dar.

Wir sind sonach zu folgender Einsicht gelangt: Wir Menschen tun, obgleich wir uns der Freiheit rühmen, die einzelne Tat, die gute und die schlechte, nicht Kraft einer momentanen freien Willensentscheidung; wir handeln vielmehr unserm guten oder schlechten Charakter gemäß, wie wir müssen. „Der gute Baum muß gute, der schlechte muß schlechte Früchte bringen.“ Aber jener gute oder schlechte Charakter und das darin beschlossene Müssen ist uns erwachsen aus vielen, vielen Einzelbetätigungen unseres Willens. „Aus dem Gehorsam sammelt sich uns das Vermögen, und aus der Entscheidung wird Entschiedenheit.“[1] Wenn also, um gleich das Größte zu wählen, ein zum Mannesalter Jesu Christi ausgereifter Christ im Blick auf eine ewige Herrlichkeit, der gegenüber alle Leiden dieser Zeit unansehnlich sind (Röm. 8, 18), das Kreuz Christi täglich auf sich nimmt und, ohne große Widerstände in sich überwinden zu müssen, mit einer gewissen Selbstverständlichkeit trägt, so vollbringt er solches nicht von Minute zu Minute kraft des freien Willens. Er tut es vielmehr, dem Schwergewicht seiner neuen Natur gehorsam, als ein δοῦλος ὑπακοῆς (Röm. 6, 16). Wie eine Dampfmaschine die Leistung des gegenwärtigen Augenblicks nicht vollbringt durch die ihr in

[1]) A. Schlatter „Römerbriefauslegung zu 6, 16“.

diesem Augenblick zufließende Dampfkraft, vielmehr durch die in ihrem Schwungrad und allen bewegten Teilen aufgespeicherte Kraft, so handelt der gute Mensch kraft der vis inertiae seiner gut gewordenen Natur. Analog steht es mit den Taten des Schlechten; seine bösen Entscheidungen werden auch zur Gewohnheit, ja zur bösen Natur, aus der böse Taten abfließen müssen.

Aber nun dürfen wir diesen Gedanken auch nicht isolieren und überspannen: Der gut gewordene Mensch darf nicht wähnen, daß die aufgespeicherte Energie, die vis inertiae seines neuen Wesens ihn unfehlbar bis ans Ende treiben werde. Wie die Dampfmaschine mit der im Schwungrad aufgespeicherten Kraft nur ein Weilchen auskommt und im übrigen des steten Zuflusses neuer motorischer Kraft bedarf, so würde das aufgespeicherte Willenskapital des Tugendhaften ohne den Zufluß der Energie immer neuer Willensentscheidungen sich leicht erschöpfen. Wie es in physicis kein perpetuum mobile gibt, so im Geistlichen kein unerschöpfliches Willenskapital, keinen schlechthin unverlierbaren Heilsbesitz. Auch der Tüchtigste darf nicht aufhören zu ringen, zu wachen, zu beten. — Umgekehrt darf wohl auch die durch eigene Entscheidungen herbeigeführte Knechtschaft, das non posse non peccare, nie als abgeschlossenes und nicht mehr zu überwindendes Faktum betrachtet werden. Erfahrung und Logik sprechen dafür, daß jene Potenz freier Entscheidung, welche diesen Zustand der Knechtschaft herbeigeführt hat, nie schlechthin ausgelöscht wird, daß sonach die Möglichkeit einer Entwicklung in anderer Richtung bleibt.

VII. Letzte Einwände.

Wir haben in Kapitel I die Tatsache konstatiert, daß der normale Mensch seine Taten mit Urteilen begleitet, in denen er deren Notwendigkeit verneint. Er nimmt an, daß seine Entschließungen, mithin auch seine Taten und infolgedessen sein ganzes Leben anders sein könnten als sie wirklich sind. Er prädiziert von sich, daß kein innerer Zwang (Motivzwang) vorlag, gerade so zu werden und zu sein, wie er ist.

Unsere Untersuchung hat dies Urteil gegenüber einer Fülle deterministischer Einwände gerechtfertigt. Wir haben den Motivzwang (darum drehte sich schließlich alles) mit Gründen bestritten, also implicite die Möglichkeit, zwischen entgegengesetzten Entschlüssen zu wählen, bejaht. Bei allen Limitationen, zu denen uns die Kapitalisierung vieler Entschlüsse im sog. Charakter in Verbindung mit andern Faktoren nötigte, blieb uns die Wahlfreiheit bestehen.

Schließlich bleibt doch noch eine Nachlese von Einwänden, denen eine Entgegnung gebührt:

1. Man sagt, ein freier d. h. nicht durch das Gewicht der Motive herbeigeführter Entschluß resp. die

Möglichkeit, sich so oder anders zu entscheiden, ohne durch die Motive in der einen oder andern Richtung determiniert zu sein, sei ganz unerklärlich. Darauf antwortet Lotze:[1]) „Es versteht sich . . . ganz von selbst, daß der Entschluß des Willens, sofern er von keinen Bedingungen nach allgemeinen Gesetzen abhängt, unerklärlich sein muß. Denn Erklärung ist überall bloß Zurückführung des gegebenen Einzelnen auf allgemeine Gesetze, von denen es abhängt.“ Ich urteile: Der freie Wille d. i. die Entschließung ohne Motivzwang ist, wenn er anders wirklich existiert, ein erstes, eine ἀρχή; und die ἀρχαί sind eben als solche ein Ursprüngliches, das nicht auf etwas noch Ursprünglicheres zurückgeführt werden kann. Ἀρχαί haben wir zu konstatieren, nicht zu erklären. Es steht diesfalls mit dem Willen wie mit Gott: es ist eine wissenschaftliche Aufgabe, die Erfahrungswelt daraufhin zu analysieren, ob sie uns die Wirklichkeit eines Gottes offenbart und verbürgt; aber wenns geschieht, ist es hernach schlechterdings nicht unsere Aufgabe, Gott zu erklären. Nun ist der Wille, wenn er anders existiert, früheren Darlegungen zufolge der göttliche Funke in uns, die Mitgift, welche den gleichartigen Söhnen aus dem überschwenglichen Reichtum des Allmächtigen zugefallen ist. Dies Göttliche in uns werden wir ebensowenig zu erklären haben wie Gott selbst. Genug doch, daß wir seine Wirklichkeit konstatiert haben!

Will etwa jemand gar behaupten, das, was wir nicht erklären könnten, könne auch in Wirklichkeit nicht vorkommen? Es wäre eine sinnlose Behauptung.

---

[1]) Grundzüge der prakt. Philosophie S. 22.

Mit dem nämlichen Recht wie die Willensfreiheit könnte er dann die Wirklichkeit aller Dinge leugnen. Denn wir vermögen nicht zu erklären, wie überhaupt etwas sein kann, und daß nicht lieber garnichts ist.

2. Ein anderer Einwand lautet:[1]) Wenn der Willensakt oder ein Teil desselben nicht determiniert sei, so stehe er im Verhältnis zu meiner Persönlichkeit als etwas Isoliertes und Zufälliges da; er sei dann nicht eigentlich meine Tat, sondern etwas mir Fremdes; er werde nicht Fleisch von meinem Fleisch, nicht Blut von meinem Blut. Man suche mit der Lehre von der Willensfreiheit die Würde des Menschen zu wahren dem Determinismus gegenüber, der den Menschen zur bloßen Maschine mache und mache ihn unterdessen zu etwas viel Geringerem, zu etwas Zusammenhanglosem und Zufälligem. — Darauf ich: Das ist doch eine wunderliche Art der Argumentation. Ich habe nie gehört, daß man wissenschaftliche Untersuchungen durch das dirigieren läßt, was dabei etwa herauskommt. Mag doch der Mensch durch die Lehre vom freien Willen sich als etwas weit Geringeres als eine Maschine darstellen! Die wissenschaftliche Frage ist zunächst allein, ob er frei ist oder nicht, gleichviel, ob dabei sein Wert steigt oder fällt.

Im übrigen bestreite ich nun, daß meine Willenstat, wenn sie nicht durch Motive oder wie immer determiniert ist, etwas mir Fremdes werde. So könnte ich nur reden, wenn mir a priori ausgemacht ist, daß ich eine Maschine bin. Eine Maschine freilich muß, wenn wir sie mit Bewußtsein begabt denken, alles, was sie

---

[1]) Vid. Höffding, Ethik, deutsche Übersetzung S. 79 f.

nicht mit Notwendigkeit erleidet, als etwas ihr Fremdes taxieren. Aber wenn ich etwa frei bin, dann ist gerade ein Geschehen, das ich bloß erleide, — dann ist eine unter Motivzwang entstehende Handlung mir etwas Fremdes. Wenn es ausgemacht wäre, daß meine sog. Taten rein durch Motive ausgelöst würden, dann würde ich, wie ich schon in Kap. III ausführte, meine sog. Taten nicht wirklich als die meinen zu empfinden vermögen; ich würde mir meinen sog. Taten gegenüber vorkommen wie ein Zuschauer, der gelassen abwartet, zu welcher Aktion die Motive mich als Marionette zu verwenden belieben.[1])

3. Wird man nochmals die Regelmäßigkeit menschlicher Willensäußerungen gegen unsere Lehre vom freien Willen ausspielen? Sofern man dabei die Daten der Moralstatistik im Auge hat, habe ich in Kap. II geantwortet. Sofern man aber die Regelmäßigkeit der Willensäußerungen des einzelnen Individuums meint, sage ich hier:

a) Tatsächlich liegt empirisch eine absolute Regelmäßigkeit und Gleichartigkeit der Willensentschließungen bei keinem Individuum vor, und niemand hat je durch exakte Analyse der sämtlichen Taten eines Menschen erwiesen, daß deren eherne Regelmäßigkeit und Gleichartigkeit die' Mitwirkung jedes Elements von freiem Willen ausschließe.

b) Wenn wir mit Vermeidung des pelagianischen Traumes, wonach der Willensakt der jeweiligen Gegenwart durch alle früheren Akte unbehindert ist, energisch betonten, daß unsere freien Entschließungen zu einem

---

[1]) Vergl. Lotze a. a. O. S. 18 unten.

Willenskapital anwachsen, so dürfte man uns einräumen, daß dies Kapital (oder der Charakter) die relative Regelmäßigkeit menschlicher Willensäußerung hinlänglich erklärt. Daneben läßt die empirisch vorliegende Verschiebung (resp. Entwicklung) meines Charakters und die im Laufe meines Lebens sich langsam und oft auch schnell sich verändernde Form meiner Willensäußerungen für die Freiheit Raum.

4. Ist nicht endlich der eherne Zusammenhang zwischen physiologischen und psychischen Erscheinungen, wie derselbe von der Wissenschaft in so großem Umfange konstatiert ist, eine Instanz gegen unsere Lehre von der Willensfreiheit? Ganz gewiß nicht! Das hat Lotze mit wenig Zeilen trefflich erledigt:[1]) „Wenn man . . . . . von der Überzeugung ausgeht, es solle in der Welt durch freie Handlungen etwas realisiert werden, so ist man zugleich genötigt, auch den Kausalnexus zu postulieren; denn kein Wille könnte irgend eine Absicht verwirklichen, wenn er nicht darauf rechnen könnte, daß der erste Tatbestand, den er mit Freiheit setzt, mit unfehlbarer Gewißheit einen zweiten und dritten nach sich ziehen wird, durch den der Inhalt der Absicht ausgeführt wird.“ Ich gehöre zu denen, welche annehmen, es solle in der Welt durch freie Taten der Menschen etwas realisiert werden. (Ich werde das Nötige darüber im VIII. Kapitel darlegen.) Folglich brauche ich an ihrem Ort die eherne Kette des Kausalnexus, die ich mir freilich, wie anderwärts dargelegt, anders denke als die herrschende Physiologie und Psychologie. Wenn sich nun zeigte, daß durch Freiheit

[1]) a. a. O. S. 21.

ein erstes psychisches Geschehen ins Dasein trat, daß dieses einem physischen Geschehen ruft, ja daß nun weiter eine unablässige unendliche Verkettung von psychischem und physischem Geschehen vorliegt, so wird mich das nimmer veranlassen, an meiner Freiheitslehre zu zweifeln oder gar zu verzweifeln. Vielmehr werde ich in jenem wie immer sonst beschaffenen Nexus physischer und psychischer Erscheinungen das erfreuliche und durchaus unentbehrliche Medium, durch welches allein meine freien Taten ihr Ziel erreichen können, verehren.

VIII. Die Bedeutung der dargelegten Lehre von der Willensfreiheit für Religion und Sittlichkeit.

Es hat sich in Sachen der Willensfreiheit wiederholt, was Franz Bacon von Gott sagt „leves gustus in philosophia movere fortasse ad atheismum, sed pleniores haustus ad religionem reducere.“ Die *halbe* Aufklärung zeigte uns als eine lähmende Gorgone der Determinanten furchtbares Panorama und gipfelte in der Parole „l'homme machine“. Die *ganze* Aufklärung überwindet den lähmenden Zauber und gibt uns den Kindheitsglauben der Menschheit „τοῦ (θεοῦ) γὰρ καὶ γένοσ ἐσμέν“ als die neugeborne, triumphierende Erkenntnis, daß uns ein Funke wirklicher Kausalität nach der Ähnlichkeit Gottes zukommt, wieder.

Es bleibt die Aufgabe, im letzten Kapitel darzulegen, welche Bedeutung unsere Lehre von der Willensfreiheit für Religion und Sittlichkeit hat.

1. Bedeutung für die Religion.

a) *Die Lehre von der Gottessohnschaft des Menschen.* Unsere Theorie der Freiheit erlöst uns von einer anderen Formel, derzufolge Religion im Gefühl schlechthiniger Abhängigkeit aufgeht. Vor Schleiermachers Größe allen schuldigen Respekt! Aber darum noch nicht vor seiner Definition der Religion, die mehr wie nötig von Spinoza inspiriert ist. Diese Definition reicht nicht aus, die Pietät eines Hundes gegenüber seinem Herrn zu umfassen; viel weniger erschöpft sie die Religion derer, welche in den Fußstapfen Mosis, der Propheten und Jesu wandeln. Vom ersten Blatt, das verkündet, daß Gott den Menschen nach seiner Ähnlichkeit schuf, bis zum letzten, welches uns sagt, daß die Seligen den Gottesnamen an der Stirn tragen, und daß alle für wirkliche Taten wirklichen Lohn empfangen (Apk. 22, 4—12), bewegt sich und atmet die hl. Schrift im Gedanken der Gottähnlichkeit des Menschen. Von der Genesis ab drängt sich in den Vordergrund ein Begriff, der auf Schleiermacherschem Boden nie erfunden worden wäre, der Gedanke vom Bunde Gottes mit den Menschen, der Menschen mit Gott, was doch immer eine gewisse Gleichartigkeit der Kontrahenten voraussetzt. Im neuen Testament ist der Gedanke des Bundes nicht aboliert, sondern vertieft. Was noch wichtiger, kraftvoll und strahlend drängt sich in den Vordergrund der Begriff, in dem alle höchsten Ansprüche des Menschen zusammengefaßt sind, der Begriff der Gottessohnschaft.

Unsere Freiheitslehre nun gibt diesen höchsten Ahnungen und Ansprüchen des Christentums den unentbehrlichen metaphysischen Unterbau, während sie der Determinismus untergräbt. Auf deterministischem Boden bleibt der Mensch eine Maschine, gleichviel, ob in deren materielles Räderwerk noch so viel Zwischenglieder geistiger Art, die eben selbst auch wieder determiniert sind, eingeschaltet werden. Eine Maschine aber kann sich nimmer gottähnlich fühlen.

Gott sei gelobt! Wir können, nachdem der Determinismus besiegt ist, gleich den alt- und neutestamentlichen Männern[1]) unsre Seele wieder schwellen mit dem Bewußtsein, daß wir göttlicher Art sind, und auch eine dementsprechende Mission in der Welt haben.

Das macht ja die Größe und inmitten aller Not der Zeit die Seligkeit der biblischen Gottesmänner aus, daß sie sich zu großen Taten, zu einer Arbeit für Gott berufen und tüchtig wissen. Die Freiheitslehre gibt uns die metaphysische Legitimation, trotz allen determinierenden Faktoren, die uns seither deutlicher unter die Augen gerückt worden sind, gleiches von uns zu fühlen. Auch wir haben das Zeug, etwas für Gott zu arbeiten.

Aber ist's nicht ein unerträglicher Gedanke, daß der Allmächtige unserer Arbeit bedarf? Keineswegs! Gott braucht zu allen Dingen die entsprechenden Mittel. Er läßt z. B. keinen Weizen auf dem Acker wachsen, wenn nicht der Ackersmann als Gottes Mitarbeiter seine Pflicht tut. Zur Realisierung seines höchsten Zwecks, des Gottesreichs, braucht Gott Menschen, die mit Verständnis auf seine Intentionen eintreten und ihr Leben zur Ausführung seiner Pläne einsetzen.

---

[1]) Koheleth und ein paar deterministische Stellen bei Paulus u. s. w. darf ich doch wohl inmitten des Schriftganzen als quantité négligeable betrachten, auch dann, wenn Calvin und andere mit der quantité négligeable gelegentlich alles Übrige meisterten.

Hierfür ist auf dem Boden unsrer Freiheitslehre Raum geworden. Man sage, was man will, zum Lobe des Determinismus; er lähmt dennoch unsre Aktivität. Erst wenn wir wie die von keinem Determinismus angekränkelten Kinder das Vollgefühl wirklichen Handelns gewonnen haben, kann über uns kommen jene freudige Aktivität von Gottessöhnen, die sich im Dienste des himmlischen Vaters verzehren und im Schweisse ihres Angesichts Gott danken, daß sie nach seiner Ähnlichkeit wirken können und dürfen.

b) Die Möglichkeit, an Gottes Liebe zu glauben. Unsere Freiheit hat zum andern die höchste Bedeutung für unsre Religion, weil sie allein uns möglich macht, den Satz, daß Gott Liebe ist, festzuhalten. Tut die Freiheit der Kreatur hinweg, so sind die Leiden dieser Welt ein ungeheures Ärgernis! Dann ist Pessimismus das Unvermeidliche, der Glaube an einen liebenden allmächtigen Gott das Unmögliche. Wenn wir als Sklaven, die durch mechanische und psychische Determination gekettet sind, vom Allwirkenden durch die Weltwüste hindurchgeschleppt werden, kann logischerweise keiner unter uns an Gottes allmächtige Liebe glauben, auch dann nicht, wenn man uns jenseits der Wüste ein Kanaan in Aussicht stellt. Wir werden die Allmacht Gottes oder die Liebe, oder die eine und die andere bezweifeln; so oder so liegt der Christenglaube am Boden. Dabei bleibt es ganz aussichtslos, mit Fechner auf dem Boden des Determinismus des Lebens Unverstand und Qual durch Herbeiziehen der Unsterblichkeitshoffnung erträglich machen zu wollen. Denn einmal, wie sollten wir das Zutrauen haben, daß der Gott, der über uns, die Gebundenen, hier so viel

Schweres verhängt, uns im andern Leben angenehmer betten werde? Näher läge die Furcht, daß der Tyrann, von dessen Hand wir ohne alle Selbstbestimmung und Schuld hier so viel Streiche erleiden müssen, uns auch im kommenden Leben wieder quälen werde. Aber wenn wir solches auch nicht fürchten müßten, wenn wir es wohl verbürgt hätten, daß er im andern Leben alles wohl mit uns machen wird, so bliebe doch immer die Qual des Diesseits ein Ärgernis, an welchem der Glaube, daß Gott allmächtige Liebe sei, zu Fall kommen müßte. Dann allein, wenn die ganze Wirklichkeit, Diesseits und Jenseits, ein schmerzfreies Paradies wäre, könnte der Optimismus mit dem Determinismus bestehen.

Durch den Freiheitsgedanken verändert sich die Situation sogleich und völlig; da hört es auf, anstößig zu sein, wenn an gewisse Formen unseres freien Tuns durch göttliche Kausalität das Übel gebunden ist. Im Gegenteil, das Übel wird geradezu Postulat; Gott wäre nicht ein liebender Vater, wenn er die Söhne ohne Zucht ihre Wege gehen ließe. Dabei ist der Gedanke der Strafe nicht einmal der vornehmste und fruchtbarste. Weit fruchtbarer ist der Gedanke eines göttlichen Erziehungsplanes: Wenn wir mit einem Funken Freiheit ausgestattet sind, ist es nicht anstößig, daß uns Gott in Gestalt dieses gebrechlichen Leibes, der Ärmlichkeit der Lebenslage, der Leiden der Zeit allzumal ein angemessenes Material zuteilt, in dessen Bearbeitung wir unsern Verstand ausbilden, unsere Kraft üben, unsre Treue bewähren sollen. Sind wir freie Söhne, so wird das ganze Leben als eine große Erziehungsschule verständlich; wir können atmen und fröhlich sein in der

Gewißheit, daß uns alle schmerzlichen Dinge zum besten dienen müssen, wenn wir uns auf die rechte Weise dazu stellen.[1]) Sind wir mit Freiheit ausgestattet, so ist es, weit entfernt anstößig zu sein, geradezu ein Beweis der Liebe Gottes, wenn er durch Leiden jede Kraft in uns erweckt und uns Raum gibt und reizt, den Helden in uns auszubilden. Der Pessimismus ist entlassen. Inmitten aller Leiden kann die Gewißheit, daß Gott allmächtige Liebe ist, triumphieren.

c) Das Erlösungsproblem. Das wichtigste Stück der Religion bleibt in allen Fällen die Erlösungsfrage. Wie werden wir frei von der Macht des Bösen? Wie mögen wir den alten Adam d. i. die Trägheit, die Begehrlichkeit, den Zorn, den Haß, die mit einigen gleichwertigen Ingredienzien als Erbe unsrer Ahnen uns in Fleisch und Blut stecken, überwinden? Τίς με ῥύσεται ἐκ τοῦ σώματος τοῦ θανάτου τούτου;

Unsere Willenslehre eröffnet uns hier einen Weg zum Heil, den ich am besten zeigen kann, wenn ich zuvor zwei Irrwege beleuchtet habe:

Wenn jemand in der Knechtschaft seufzt und nach Erlösung schreit, so wird ihm von kleinen und großen Autoritäten nahe gelegt, daß hier alles Flicken und Bessern nicht helfe, — daß nur ein großer radikaler Akt, eine einmalige völlige Abwendung vom Bösen und Zuwendung zum Guten helfen könne. Und er hört auf den Ruf, bekehrt sich ohne Hintergedanken, verurteilt in einem resoluten Willensakt den alten Adam zum Tode. Und das Ergebnis? So mancher kniet figürlich oder eigentlich an der Bußbank, übergibt sich Gott im

[1]) Vergl. Jakobusbrief 1, 2—4. Röm. 8, 28.

Kämmerlein oder öffentlich, steht als ein „Geretteter“ auf — und ist nach drei Tagen unangenehm überrascht, daß der ersäufte alte Adam, auferstanden, ihn fröhlich angrinst und eine neue Übergabe an Gott nötig macht. Beschämt wiederholt er die Bekehrung, wiederholt sie, der Sachlage entsprechend, wieder und wieder; ja das Bußetun (die Bekehrung) wird nachgerade seine tägliche Arbeit, weil der gestern ersäufte Adam jeweilen heute wieder lebendig obenaufschwimmt. Dabei wird eine gewisse Hoffnungslosigkeit einkehren; denn das Bewußtsein, wirklich erlöst zu sein, und einer Gemeinde von Erlösten anzugehören, kommt ja dabei nie zustande.

Bei dieser Gemütsverfassung werden die also Geplagten für eine andre „Erlösungslehre“ empfänglich. Sie lassen sich sagen: „Deine Bekehrungskämpfe und Bekehrungskrämpfe helfen nicht; du kannst dir selber nicht helfen; es liegt überhaupt nicht an des Menschen Laufen und Rennen, sondern allein an Gottes Erbarmen. An allem eigenen Tun verzweifelnd, mußt du dich durchaus in Gottes Arme fallen lassen.“ Er gehorcht und läßt sich fallen, angeblich in Gottes Arme, tatsächlich auf das Faulbett und bleibt ein Gebundener nach wie vor.

Ein kluger Odysseus aber fährt hier, vom Kompaß unsrer Willenslehre geleitet, zwischen Skylla und Charybdis durch ins Land der Erlösten:

Um zu verstehen, wie solches geschehen mag, blicken wir darauf hin, wie der Zustand der sittlichen Knechtschaft zustande kommt. Oberflächliche Menschen pflegen ihre Sünden als Ausfluß ihres momentanen Wollens zu taxieren. Eine, wie früher dargelegt, verfehlte Deutung. Die Einzelsünden sind wesentlich Ausfluß meines durch viele Willensakte entstandenen Charakters. Meine bösen Akte erloschen nicht mit dem Augenblick, sie dauerten an und haben sich zu einem zinstragenden Kapital konsolidiert.

Aber wer ließ sie denn andauern? Wir reden in der profanen Philosophensprache davon so, wie wenn es selbstverständlich wäre, daß etwas andauert. Ich urteile: Der läßt sie andauern, der überhaupt alles, was Dauer hat, andauern läßt, der Ewige, Gott. Jenes Kapitalisiertwerden meiner bösen Taten ist ein Andauern durch die Kausalität dessen, welcher der ewigen allmächtigen Zeit identisch ist (vid. Kap. IV).

Nun bin ich durch jenes angesammelte Kapital leidentlich zum Sündigen bestimmt; ist mir dies Kapital durch Gott gesammelt, so bin ich durch Gott leidentlich zum Sündigen bestimmt; παρέδωκεν, παρέδωκεν und zum dritten Mal παρέδωκεν, wie es Paulus ebenso eindringlich als wahr im ersten Kapitel des Römerbriefes geltend macht. Meine sittliche Gebundenheit ist ein Hingegebensein durch den ewigen, heiligen Gott.

Und nun die Erlösung. Die wird — unsere Willenslehre leitet uns in dieser Richtung — nach dem nämlichen Schema in Erscheinung treten. Wie mag ein Mensch aus aller Macht des Bösen erlöst werden? Nicht durch einen einzelnen Bekehrungsakt und auch nicht durch eine Serie von solchen; auch nicht durch ein göttliches Erlösungswunder. Zwar ist die Bekehrung, die Zuwendung zum Rechten, conditio sine qua non (das habe ich nie bestritten); im übrigen aber kommt nun die Erlösung zustande durch ein kontinuierliches Tun, durch Treue im Kleinen. Ein

Bild: Wenn jemand auf dem Landwege nach Jerusalem pilgern will, so ist es allerdings nötig, daß er sich dem Ziel der Sehnsucht zukehre; aber mit diesem Akt ist die Sache nicht erledigt. Die Frage ist, ob er nicht morgen müde oder träge am Wege liegt, ebenso, ob er nicht etwa, durch andere Reize gelockt, zum Spaziergang nach einer andern Stadt sich entschlossen hat. Im übrigen erreicht er jenes erste Ziel nur durch die einzelnen Schritte, von denen er ohne Ermatten einen zum andern fügt. Nicht anders in Sachen der Erlösung. Da lautet der Heilsrat so nüchtern und trivial wie möglich: Tu' im gegenwärtigen Augenblick das Mögliche! Tu' den ersten kleinen wankenden Schritt auf dem rechten Weg, so gut du's vermagst! Es wird dir nicht unbelohnt bleiben; du wirst den nächsten Schritt etwas besser zu tun vermögen; und wenn du fortfährst, entsteht dir eine wachsende Disposition zum Guten. Und wer läßt denn deine kleinen Schritte mit Zins und Zinseszins zum Kapital anwachsen? Abermals der Ewige, Gott. Er spricht nicht erst am Ende des Lebens, sondern nach jeder redlichen Willensanstrengung zu dir: „Ei du frommer und getreuer Knecht, du bist über wenigem getreu gewesen; ich will dich über mehr setzen." Und in der nächsten Minute spricht Gott abermals: „Du hast mit deiner kleinen Kraft redlich gearbeitet; drum gebe ich dir eine größere Kraft." So darfst du von Stunde zu Stunde die wachsende Kraft als Gottes Gabe hinnehmen; wie er den Sünder hingab in die Knechtschaft, so erlöst er dich. Und die wachsende Kraft ist dir von Stunde zu Stunde eine Bürgschaft, daß die Erlösung endlich eine völlige sein wird. Kurz, „πιστὸς εἶναι ἐν ἐλαχίστῳ" ist die Erlösungsparole, die eine Verheißung hat, — eine Parole, die alles mystischen Dunkels ledig und von einem unverdächtigen Meister formuliert ist. Das ἐλάχιστον ist der einzelne Augenblick meines Lebens. Wenn ich denselben mit dem möglich besten Tun ausfülle, so läßt es mir der ewige Gott zum Segen werden für die Zukunft; indem er mit jedem nächsten Augenblick ebenso verfährt, macht er mich als wirklicher Erlöser von allen Banden frei, läßt er mir das Tun des Guten zur andern Natur werden.

Auf diesem Wege kommt wirklich Erlösung zustande. Unsere Willenslehre, die uns auf diesen Weg geführt, hat sich also auch in dieser höchsten Angelegenheit für die Religion fruchtbar erwiesen. Daß dabei auf die alte Streitfrage, wie Gottes Tun und der Menschen Tun zur Erlösung zusammenwirken müssen, einiges Licht fällt, will ich nur nebenbei erwähnen.

2. Bedeutung unsrer Willenslehre für die Sittlichkeit.

Der Begriff des Sittlichen ist leider kein gegebener; derselbe ist vielmehr heute ein Gegenstand schärfster Diskussion. Unsere Willenslehre ermöglicht uns, in dieser Diskussion Stellung zu nehmen:

Die vorgetragene Lehre hat uns den kantischen Traum, demzufolge das sittliche Tun im Unterschied vom unsittlichen keinerlei eudämonistische Zwecke hätte, ausgelöscht. Wir wissen: Wollen heißt in allen Fällen Güter wollen. Es kann dem sittlichen Wollen nicht abgehen, was schlechthin allem Wollen unveräußerlich ist.

Welches Kriterium des Sittlichen wird denn uns übrig bleiben? Ich will, wenn ich auch hier eine

Prinzipienlehre der Ethik nicht schuldig bin, dies Kriterium in der Hauptsache zu bestimmen suchen:

Das sittliche Handeln im Unterschied vom unsittlichen hat zum Zweck nicht Güter überhaupt sondern das mir erreichbare Maximum von Gütern oder (singularisch gefaßt) das höchste Gut (= die höchste Lust). Sittlich bin ich nicht dann, wenn ich Güter erstrebe und Übel verabscheue (was ich freilich immer und unvermeidlich tue), sondern nur dann, wenn ich das Maximum der Eudämonie, das höchste in den Schranken meiner Natur (der Subjektivität) und den Schranken der Welt (der Objektivität) erreichbare Gut erstrebe. Wer sich mit einem Linsengericht begnügt, während er an Gottes Königsmahlzeit teilnehmen könnte, ist unsittlich. Wer bei den Schweinen Träber ißt, während er an des Vaters reichem Tisch sitzen könnte, ist ein verlorener lasterhafter Sohn.

Es handelt sich aber, weil ich ein zeiterfüllendes Ich bin, unter dem Titel des höchsten Guts nicht um das Maximum der Eudämonie des gegenwärtigen Augenblicks oder des heutigen Tags, sondern des vollen Ichs in der ganzen Ausdehnung seiner zeitlichen (sei's begrenzten, sei's unbegrenzten) Existenz. Das sittliche Tun hat zum Ziel das höchste Gut meines Lebens, — des irdischen, wenn mein Ich in den Schranken des irdischen Lebens beschlossen ist, — meines ewigen Lebens, wenn mir etwa Unvergänglichkeit zukommt. Dabei kommt folgende wichtigste Tatsache in Betracht: Das Gut und das Übel des Augenblicks sind nicht isolierte Größen derart, daß Güter und Übel der kommenden Augenblicke davon unabhängig wären. Lust und Leid des gegenwärtigen Augenblicks bedingen vielmehr Lust und Leid des folgenden, ja aller folgenden. Mithin entsteht die ungeheure Aufgabe, die einzelnen Augenblicke nach Möglichkeit mit solchem Inhalt auszufüllen, daß das Leben als ganzes das summum der in den Schranken meiner Natur möglichen Eudämonie erreicht. Die Aufgabe fordert, die Lust und das Leid der Gegenwart mit Rücksicht auf das ganze (sei's nun endliche, sei's unendliche) Leben zu disziplinieren.

Gewiß hat der einzelne Augenblick auch sein relatives Recht; er ist nicht schlechthin zu opfern. Die Freude des Augenblicks darf und soll bejaht werden, sofern sie mit dem summum bonum des ganzen Lebens sich verträgt, — sofern sie als Baustein dieses summum bonum taugt. Es ist dem sittlichen Tun die ungeheure Aufgabe gestellt, das höchste Gut im Blick auf die ganze Zukunft zu schaffen uod doch auch der Gegenwart ihr gutes Recht nicht zu verkürzen.

Mit diesem großen Kunstwerk, der Realisierung des höchsten Guts des zeiterfüllenden Ich hat es das Ethos zu tun. Aber nun die Hauptsache: Die Ethik beschreibt unter dem Titel der auf Realisierung des höchsten Guts gerichteten Tätigkeit keineswegs, wie das menschliche Ich mit Notwendigkeit diesem höchsten Gut zugravitiert. Die Ethik setzt vielmehr dem, wozu unsere Natur modo necessitatis uns hintreiben will, etwas anderes entgegen. Sie beschreibt nicht, wie das menschliche Ich im Gegensatz zu den Augenblicksgütern zu jenem höchsten Gut hingetrieben wird, auch nicht, wie das menschliche Ich nach jenem höchsten Gut hungert, gelüstet, es wünscht, begehrt, sich danach sehnt; sie redet vielmehr von dem Wollen dieses höchsten Guts und der aus dem Wollen so oder so geborenen Tat. Mit allem Wünschen, Begehren, Sehnen sind wir immer noch auf Seite der Unsittlichen; der größte Faulenzer, in dem das primäre Laster, die Trägheit, in voller Maienblüte steht, sehnt sich auch nach dem höchsten Gut. Sittlich sind wir erst als Wollende. Sittlich nennen wir den, der das höchste Gut **will,** beharrlich, fest, treu **will.** Das Wunder des Wollens aber habe ich in den grundlegenden Abschnitten dieser Abhandlung ins Licht gestellt und gegen die deterministischen Instanzen verteidigt. Die Bedeutung unsrer Willenslehre zeigt sich hier darin, daß sie uns eben diese Definition des Sittlichen ermöglichte.

Fixieren wir alsbald die weiteren Folgen resp. Früchte: Weil es nach dem Vorausgehenden darauf ankommt, dem höchsten Gut nachzujagen, so müssen wir dies höchste Gut kennen; wir müssen wissen, was wahrhaft und bleibend zu unserm Frieden dient. Das impliziert eine gewaltige Erkenntnisaufgabe. Weil unser höchstes Gut in jedem Fall von der Fülle der uns umgebenden Realitäten einerseits, von unserm eigenen Wesen anderseits bedingt ist, so müssen wir jene Realitäten und das eigene Wesen kennen lernen, um mit Erfolg nach dem höchsten Gut streben zu können. Aus der ethischen Aufgabe wird uns also das Postulat einer universitas scientiarum geboren. Auch die Frage nach Gott wird im Dienst der sittlichen Aufgabe beantwortet werden müssen; wir müssen wissen, ob wir bei Realisierung unseres höchsten Guts auf das freundliche Entgegenkommen, die Assistenz eines Gottes, rechnen dürfen oder nicht. Vor allem aber wird

Selbsterkenntnis ein Postulat der sittlichen Aufgabe sein.[1])

Suchen wir weiter die Bedeutung unsrer Willenslehre für die Sittlichkeit auszumessen! Sie entreißt uns

---

[1]) Vier Erkenntnisse vornehmlich, die ich hier ohne Beweis aus dem Arsenal meiner Ansichten (oder Einsichten) herübernehme, werden diesfalls von größter Tragweite sein:

1. Das genus „homo sapiens“ ist in Ansehung seiner Leiblichkeit wie seiner seelischen Verfassung in Entwicklung begriffen; dem entsprechend wird auch das höchste Gut für Menschen auf verschiedenen Entwicklungsstufen ein verschiedenes sein.

2. Der Mensch kann zwar sich selber nicht überfliegen; er muß nach einem höchsten Gut trachten, das für ihn selbst ein Gut ist, und insofern ist Altruismus das Unmögliche. Aber nun ist er als soziales Wesen aus des Schöpfers Hand hervorgegangen; die Radien seiner Seele enden nicht an seiner Körperhaut. Dieselben sind vielmehr schon auf niedriger Entwicklungsstufe verlängert in die Herzen von Weib und Kind; sie reichen in späterm Entwicklungsstadium bis an die Grenze des Stamms. Und von da reckte und streckte sich des Menschen soziale Seele in immer weiterem Kreise bis an die Grenzen der Menschheit, ja bis in die Herzen aller kommenden Geschlechter. Weil nun die geistigen Sensorien des Menschen (es ist das eine metaphysische Tatsache) bis in die Herzen der Mitmenschen verlängert sind, so muß er, sich selber liebend, die andern lieben; so muß er, nach seinem höchsten Gut trachtend, das höchste Gut der andern lieben und realisieren. So kommt denn der egoistische Eudämonismus als Altruismus zur Erscheinung; das scheinbar Unmögliche ist möglich geworden.

3. Der Mensch hat seine Grenze nicht am Todestag, sondern reicht über denselben; folglich wird auch sein höchstes Gut durch die Ewigkeitsperspektive mächtig beeinflußt werden.

4. Des Menschen Natur ist eine solche, daß er sein bestes Gut nicht in rein passivischem Genießen finden kann; das beste Gut wird vielmehr, wie schon der Weise von Stagira wußte, Begleiterscheinung einer seiner Natur angemessenen Tätigkeit sein. Unsrer höchsten Natur,

einer doppelten Gefahr, der Lähmung durch den Determinismus einerseits, die vulgäre (pelagianische) Freiheitslehre anderseits:[1])

Der Glaube an den Motivzwang oder der Determinismus wirkt, wenn er eine Seele wirklich okkupiert hat, (was bei so vielen, die sich Deterministen nennen, nicht der Fall ist) immer lähmend. Ja, auch schon leise deterministische Anwandlungen dämpfen den Elan unsrer Seele. „'Αγωνίζεσθε εἰσελθεῖν" hat Einer gesagt; die Agonie wird durch deterministische „Blasen" nicht gefördert. Wenn der Determinismus gewiß wäre, so müßte man den Menschen den Glauben an die Freiheit doch zu suggerieren suchen, weil nach Wegfall der Freiheit der Glaube an dieselbe noch immer der stärkste Motor des sittlichen Lebens bliebe. Wohl uns, daß wir uns nichts wider die Wahrheit brauchen suggerieren zu lassen, daß die Willensfreiheit mit der Wahrheit besteht!

Aber lähmend wirkt auch jede der pelagianischen verwandte Freiheitslehre. So lange wir den Traum

---

dem pneumatischen Menschen, angemessen ist aber eine der göttlichen ähnliche heilschaffende Tätigkeit. Sie hat die Verheißung des Himmelreichs d. i. des höchsten Guts.

[1]) Es sind die zwei Gefahren, die J. Payot a. a. O. (1. Buch 3. Kap.) bespricht. Er nennt sie die Theorien der Willensfreiheit und des Fatalismus. Er glaubt zwischen Skylla und Charybdis der Vertreter eines heilsamen Determinismus zu sein. Er täuscht sich; bei scheinbarer Anerkennung des Motivzwangs hat er denselben tatsächlich doch zerbrochen, und nur darum ist sein Buch ein lebendiges und lebenzeugendes Werk. Er fordert ja so energisch auf, die rechten Motive zu suchen und lebendig werden zu lassen. Glaubte er an den Motivzwang, so müßte er es abwarten, ob die Motive ihn und uns suchen und lebendig machen wollen.

hegen, daß wir uns beliebige Zeit können gehen lassen, und dann durch eine unverwüstliche Mitgift des Schöpfers imstande seien, in jedem beliebigen Augenblick das Rechte zu tun, ist nachfolgende Enttäuschung und damit Lähmung unvermeidlich. J. Payot eifert mit Recht:[1]) „Wenn man den jungen Leuten das lange, mühselige, ganz auf Ausdauer beruhende Werk der Selbstbefreiung als leicht hinstellt, als hinge es nur von einem Fiat ab, so heißt das, sie von vornherein der Mutlosigkeit preisgeben ... Durch ein Fiat wird man ebensowenig seiner Herr, als Frankreich nach 1870 durch ein Fiat das mächtige Frankreich von heute geworden ist. Zwanzig Jahre andauernder mühseliger Anstrengungen hat das Vaterland gebraucht, sich wieder zu erholen. Ebenso wird unsere persönliche Wiedererhebung ein Werk der Geduld sein ... Ihr seid frei! sagten unsre Lehrer. Und verzweiflungsvoll fühlten wir, wie lügnerisch diese Behauptung ist. Niemand lehrte uns, daß der Wille sich langsam erkämpfen läßt; niemand fiel es ein, die Mittel zu studieren, durch die er erkämpft wird. Niemand übte uns zu diesem Kampfe, niemand hielt uns aufrecht, und nun nahmen wir infolge einer sehr natürlichen Rückwirkung ungestüm die kindischen Lehren eines Taine und anderer Fatalisten an. ... Jawohl, die wesentliche Ursache dieser fatalistischen Theorien des Willens ist die kindliche und zugleich unheilvolle Theorie der Philosophen des freien Willens." So Payot. Von dieser „unheilvollen Theorie" hat uns unsere Freiheitslehre frei gemacht: Wir wissen, daß unsere Willensaktionen sich kapitalisieren,

[1]) a. a. O. S. 46f.

— wissen darum, daß es gilt, im Kleinsten treu zu sein, damit wir uns ein uns zum Guten bestimmendes Kapital erwerben. Wir wissen zwar, daß wir nicht unter Motivzwang stehen, sondern mit einem Funken wirklicher Freiheit ausgestattet sind; aber als die Freien halten wir es nicht unter unsrer Würde, uns „mit Nötigungen zu umgeben“ und alle erreichbaren Hilfstruppen anzuwerben, damit wir „gut müssen und gut können.“ Wir wissen, daß es eine Befreiung gibt aus den Banden des Schlimmsten und zumal der Trägheit, welche die Wurzel alles Übels ist; wir wissen, daß denen, welche das Kleinste, die Sekunde, treu verwalten, die Zeit ein Erlöser wird. Wir können zwar das Rechte nicht im Augenblick ausführen; aber wir können mit Geduld Stein zum Steine fügen und so mit Hilfe der Zeit d. h. mit Hilfe des allmächtigen Gottes, der es den Aufrichtigen gelingen läßt, das Gebäude eines rechten Lebens aufführen. Wir können das Ziel der Vollkommenheit nicht im Sprung erreichen; aber wir können Schritt vor Schritt setzen und so als ausharrende Pilger das Ziel der Sehnsucht, die wahre Stadt Gottes, erreichen.

In unsrer Willenstheorie, derzufolge sich unsre Augenblickstaten in der Zeit zu gewaltigen Mächten kapitalisieren, ist, wie schon angedeutet, beschlossen, daß wir alle kleinen und großen Dinge in den Dienst des großen Zwecks, der Realisierung des höchsten Guts, stellen. Von den kleinen und großen Dingen erwähne ich folgende:

1. Pflege der Motive. Ich habe bewiesen, daß der Wille nicht unter Motivzwang steht; aber ich habe nicht bewiesen, daß er der Motive entraten kann. Die

Motive sollen nicht Herren, sondern Diener des Willens sein. Aber die Diener sind ihm unentbehrlich. Alles Wollen ist Wollen von Zwecken; und der Zweck wird im Motiv meinem Willen nicht zum Zwang, aber doch zum unentbehrlichen Impuls. Das aber impliziert sofort die sittliche Aufgabe, mir immer nach Kräften die höchsten Motive gegenwärtig zu halten. Es ist Eitelkeit, sich eines selbstgenugsamen freien Willens zu getrösten! Um die Augenblicksimpulse und deren verführerische Macht zu besiegen, um beispielsweise die Trägheit überwinden zu können, ist es geboten, sich umsichtig all die Güter zu vergegenwärtigen, welche aus der Arbeit entstehen, die Achtung der Mitmenschen und die Selbstachtung, Gesundheit, Geld und Gut, ein sorgenfreies Leben, Erfolg aller Art. Diese Güter werden nicht durch ihr eigenes Gewicht als Motiv den Willen aus den Banden der Trägheit erlösen; aber sie werden dem Willen die Erlösung ermöglichen helfen. Darum Pflege der Motive.

2. Pflege der Gemeinschaft. Wir wissen, daß die Mitmenschen einen fördernden oder hemmenden Einfluß auf uns ausüben. Also ist es unsere sittliche Pflicht, daß wir um unsrer Rettung willen die besten erreichbaren Kameraden, das beste erreichbare Weib, überhaupt die beste Gemeinschaft suchen. Vielleicht ist nach Ordnungen des Schöpfers der einzelne isolierte Erdenpilger gar nicht imstande, das höchste Ziel zu erreichen, wie die einzelne Zelle eines Leibes nicht für sich leben und gedeihen kann. Vielleicht ist „eine Gemeinschaft der Heiligen“ d. i. eine echte Kirche unentbehrliches Heilsmedium für den einzelnen. Vielleicht hat die Parole „extra ecclesiam nulla salus“ zu-

höchst den Sinn, daß der einzelne ohne die auferbauende, belebende Gemeinschaft mit Jesusjüngern sein Ziel nicht erreichen kann. Wenn ja, so wird die Kirche (die echte) Postulat, Und wenn diese Kirche etwa nicht vorhanden oder sehr mangelhaft ist, so wird es unsre Aufgabe, dieselbe nach Möglichkeit schaffen zu helfen, damit sie uns und andern die große Heilsmittlerin, die Gehilfin des rechten Lebens werde.

Die Bedeutung der Gemeinschaft impliziert jedenfalls auch die Aufgabe, uns mit den Großen der Vergangenheit in Verbindung zu setzen. Eine Gemeinschaft mit lebenden Heiligen ist uns vielleicht zunächst unerreichbar. Aber Gemeinschaft mit jenen, die vor uns gewesen sind, mit den von Gott berührten Heroen der sog. Heidenwelt und mit den Heroen der christlichen Kirche können wir haben durch das Medium des geschriebenen Worts. Die heilige Schrift lesen bedeutet, sich mit den Anfängern und Bahnbrechern der rechten Lebenshaltung in Verbindung setzen, damit wir im Kontakt mit ihnen Lebenskräfte erhalten. Vor allem gilt es, sich in beständigen Kontakt zu setzen mit dem Haupt der Gemeinde, Christus. Denn wo man ihn anrührt, geht eine Kraft von ihm aus. Wie gemeines Eisen in der Berührung mit einem Magneten magnetisch wird, so können wir in der Berührung mit ihm stark, froh, geduldig, treu werden. Es wirkt in ihm nicht das nackte Wort. Weil das Wort der Wahrheit in ihm Fleisch geworden war, weil er es uns vorlebte, hat es auf alle Jahrhunderte eine so mächtig erbauende Wirkung.

Die beschriebene Pflicht, fördernde Gemeinschaft zu suchen, gebietet uns negativ, jede hemmende Gemeinschaft, also die schlechten Kameraden, die profane Gesellschaft, die schlechten Bücher zu fliehen. Selbstverständlich rede ich damit nicht einem neuen Pharisäismus das Wort. Ein Kontakt mit Sündern und Zöllnern mit der Absicht, ihnen zu dienen, wie ihnen Jesus gedient hat, wird uns nicht zur Hemmung sondern zur Förderung.

3. Pflege der Gesundheit. Unsere Willenslehre, welche uns alle Hilfstruppen mobil zu machen gebietet, nötigt uns u. a. auch, den Leib zu pflegen, damit er ein williges, allzeit brauchbares Instrument der Seele sei. Wir wissen, wie sehr die Aktion der Seele vom Leib bedingt wird. Drum wird gewissenhafte Diät im Essen und Trinken, in Arbeit und Ruhe, in sexuellen Dingen u. s. w. unsre heilige Pflicht. Wir sollen, ohne indes in pedantische, lähmende Skrupulosität zu verfallen, zu jeder Stunde und in jeder Richtung die Diät befolgen, die unser Leibesinstrument tüchtig macht, — und wenn es je geschwächt war, wieder tüchtig werden läßt.

Genug jetzt. Denn ein Kompendium der Ethik ist jetzt nicht unsere Aufgabe. Schon ist ja klar geworden, daß unsere der pelagianischen Willenstheorie wie dem Determinismus entgegengesetzte Willenslehre die sittliche Aufgabe in jeder Richtung mächtig beeinflußt.

Die dargelegte Lehre vom Willen gebiert uns den Ernst und die Hoffnung:

Den Ernst: Wir haben erkannt, daß von all unsern kleinen und großen Taten nichts vergeht, daß sie alle ins Buch des Lebens geschrieben werden, daß wir

Rechenschaft geben müssen von jedem Gedanken und jedem Wort. Und zwar brauchen wir auf den göttlichen Richterspruch nicht zu warten; in Gestalt unserer moralischen Gesamtverfassung ist Gottes Urteil über uns jeden Tag deutlich genug offenbar. Unsere Gedanken, Worte, Taten folgen uns durch Gottes Veranstaltung von einem Tag zum andern; sie werden uns ganz bestimmt auch jenseits des sog. Todestages wiederfinden.

Unsere Lehre gebiert uns aber auch die Hoffnung: Wir wissen, daß wir nicht mit Ketten der Notwendigkeit gebunden sind, daß selbst unsere bösen Taten uns nicht zur unwiderruflichen Sklaverei zu werden brauchen. Wir können umkehren, und Gott ist ein gnädiger Gott: er rechnet uns jede bescheidene redliche Bestrebung an, gibt uns zum Lohn ein größeres Maß von Kraft, und so, wenn wir weiter das unsre tun, von Tag zu Tag mehr. In der Zeit wird er als Retter und Erlöser offenbar. Und weil er der Ewige ist, dürfen wir auch das Größte hoffen. Denn die Ewigkeit hat ja wohl zu einer vollen Erlösung Zeit genug.

FSC
www.fsc.org
MIX
Papier | Fördert gute Waldnutzung
FSC® C083111

Kolibri 360 GmbH
Ferdinand-Jühlke-Straße 7
99095 Erfurt, Deutschland
produktsicherheit@kolibri360.de